Inhalt

Einleitung

4 Das Universum und wir
9 Tipps für die Himmelsbeobachtung

Highlights 2023

15 Randbedingungen
17 Partielle Mondfinsternis am 28. Oktober
18 Mond bedeckt Venus am 9. November

Der Himmel 2023

20 Januar
26 Februar
32 März
38 April
44 Mai
50 Juni
56 Juli
62 August
68 September
74 Oktober
80 November
86 Dezember

Anhang

92 Glossar
94 Service
Klappe Planetenpositionen 2023

Alle Uhrzeiten sind während der Gültigkeit der Sommerzeit in Mitteleuropäischer Sommerzeit (MESZ) angegeben.
Genaue Zeitangaben wie Auf- und Untergangszeiten beziehen sich auf den Standort 10° östl. Länge, 50° nördl. Breite.
Sollten in diesem Buch Begriffe auftauchen, die Sie nicht kennen, sehen Sie am besten im Glossar auf S. 92/93 nach.

HERMANN-MICHAEL HAHN

WAS TUT SICH AM
HIMMEL
— 2023 —

Einleitung

Das Universum und wir

Seit wir die Nacht zum Tage gemacht haben, ist immer mehr Menschen der faszinierende Blick zu den Sternen und zu den Ursprüngen unseres Seins getrübt worden und so das Verantwortungsgefühl für den Erhalt der Umwelt als unsere natürliche Lebensgrundlage verloren gegangen. Stattdessen feiert der (Irr)Glaube an den Einfluss der Gestirne auf unser Tun und Denken fröhliche Urständ. *Was tut sich am Himmel* will Hilfestellung geben, sich in scheinbaren Durcheinander himmlischer Abläufe zurechtzufinden und so ein Gefühl für die vielfältigen realen Verknüpfungen zwischen Himmel und Erde zu entwickeln.

MOND, PLANETEN UND SONNE

Jeder Monat des Jahres wird auf sechs Seiten vorgestellt (s. Abb. auf der Umschlaginnenklappe). So zeigt das Kalendarium „Was sich am Himmel tut" (Seiten 1 und 2) zu Beginn dieser drei Doppelseiten die Mondphase samt Auf- und Untergangszeiten für jeden Tag. Es listet zudem interessante und auffällige Konstellationen beziehungsweise Ereignisse auf und führt die Sichtbarkeitsverhältnisse der Planeten grafisch vor Augen. Zwischen dem Datum links und der Mondphase rechts befindet sich im Kalendarium ein blauer Balken: Er entspricht der Dunkelphase zwischen Abenddämmerung (links) und Morgendämmerung (rechts), und die Positionen der einzelnen Symbole lassen die Sichtbarkeiten der Planeten erkennen. Ein Planet in der Mitte dieses Balkens ist die ganze Nacht über zu sehen und steht um Mitternacht im Süden, während ein Planet nahe dem linken Rand nur nach Sonnen-

	abends	nachts	morgens	Mond-phase	Aufgang Untergang
Neujahr 1 So	16ʰ Mond im aufsteigenden Knoten				12:55 02:49
2 Mo	Venus wechselt ins Sternbild Steinbock				13:14 04:03
3 Di	3ʰ Mond 3° südl. der Plejaden, 20ʰ Mond 1° südl. von Mars				13:38 05:17

Der Kalender gibt Auskunft über den Mond, sichtbare Planeten und besondere Himmelsereignisse.

Verlauf der Mondphasen vom zunehmenden Mond (rechts) über Vollmond zum abnehmenden Mond.

untergang im Westen zu finden ist (und schon bald danach verschwindet). Ein Planet nahe dem rechten Rand taucht kurz vor Sonnenaufgang im Osten auf und ist schon wenig später in der Dämmerung verblasst. Wenn Sie die einzelnen Zeilen einfach wie Text von links nach rechts lesen, haben Sie automatisch die richtige zeitliche Abfolge: Was nur am Anfang der Dunkelheit im Westen zu finden ist, ist am Zeilenanfang dargestellt, was erst gegen Ende der Dunkelheit am Osthimmel auftaucht, steht am Ende der dunkelblauen Nachtzeile.

Die tagtägliche Veränderung im Aussehen des Mondes, seine Auf- und Untergangszeiten sowie die Mondphasen Neumond (NM), Erstes Viertel (EV), Vollmond (VM) und Letztes Viertel (LV) mit zugehöriger Zeitangabe, zu der die Phase eintritt, finden Sie im Ereigniskalender in der rechten Spalte. Der Mond taucht wenige Tage nach Neumond als schmale, zunehmende Sichel am westlichen Abendhimmel auf und steht dann jeden Abend rund anderthalb Handbreit (bei ausgestrecktem Arm gemessen) weiter links (östlich). Dabei wird er von Tag zu Tag runder und erreicht schließlich etwa zwei Wochen nach Neumond die Vollmondposition. Dann steht er der Sonne am Himmel gegenüber, steigt bei Sonnenuntergang über den Osthorizont und bleibt die ganze Nacht über zu sehen, ehe er bei Sonnenaufgang wieder untertaucht. Danach geht er immer später auf und nimmt gleichzeitig immer weiter ab, bis er schließlich ein paar Tage vor der nächsten Neumondstellung als schmale abnehmende Sichel ein letztes Mal am östlichen Morgenhimmel zu beobachten ist.

Über den Lauf der Sonne mit Auf- und Untergangszeiten sowie Angaben zum Anfang und Ende der Dämmerung,

Einleitung

Die Sternkarten zeigen den monatlichen Sternhimmel jeweils vom Ostpunkt (links) über den Süden (Mitte) bis hin zum Westpunkt am rechten Rand.

jeweils für den Monatsanfang und die Monatsmitte, informiert die zweite Doppelseite eines jeden Monats. Dabei vermittelt die wechselnde Höhe des Sonnen-Tagbogens zusammen mit den „wandernden" Fußpunkten dieses Bogens einen Eindruck von der Veränderung der Sonnensichtbarkeit im Rhythmus der Jahreszeiten. Auf dieser Doppelseite finden Sie auch eine kurze Beschreibung der Sonnen- und Planetenläufe sowie jeweils rechts einen Beobachtungstipp für ein besonderes Ereignis des Monats. Wenn Sie über Sonne, Mond und Planeten hinaus einmal gezielt Satelliten beobachten oder gar die Internationale Raumstation am Himmel vorbeiziehen sehen wollen, finden Sie entsprechende Angaben im Internet, da sich diese Sichtbarkeiten ständig ändern. Tippen Sie dazu *www.heavens-above.com* in die Adresszeile Ihres Internet-Browsers und geben Sie dann die geografischen Koordinaten Ihres Beobachtungsortes in die Abfragemaske ein.

DIE FIXSTERNE

Den Abschluss einer jeden Monatsdarstellung bildet eine Sternkarte samt erläuterndem Text, die den Anblick des aktuellen Abendhimmels aufzeigt und beschreibt. Die Sternkarten stellen jeweils den südlichen Teil des Himmels dar, in dem Mond, Sterne und Planeten – wie die Sonne – ihre größte Höhe erreichen und daher am besten zu beobachten sind. Sie reichen dabei vom Ostpunkt am linken Bildrand bis zum Westpunkt am rechten Rand. Nach oben hin zeigen sie ein Stück weit bis über den Zenit hinaus, der in jeder Karte durch ein weißes Kreuz markiert ist.

Der Zenit ist der Scheitelpunkt des Himmels, den man anvisiert, wenn man den Kopf ganz in den Nacken legt und auf den Punkt genau über dem eigenen Kopf blickt. Neben den eigentlichen „Fixsternen" zeigen die Karten auch die mit bloßem Auge sichtbaren Planeten, die zur Monatsmitte um die angegebene Uhrzeit in dieser Region des Himmels stehen.

Für jeden Monat gibt es eine eigene Sternkarte. Da die Erde im Laufe eines Jahres einmal die Sonne umrundet, blickt man zur jeweils gleichen Uhrzeit in jedem Monat in eine leicht andere Richtung des Himmels, auch wenn man stets Richtung Süden schaut. Es ist ähnlich wie beim Minutenzeiger einer Uhr, der im Laufe einer Stunde einmal über alle zwölf Stundenanzeigen hinwegstreift. In diesem Vergleich braucht man nur die zwölf Stunden der Uhr durch die zwölf Sternbilder des Tierkreises zu ersetzen,

WANN KÖNNEN SIE WELCHE MONATSSTERNKARTE BENUTZEN?

Uhrzeit Datum	18	19	20	21	22	23	24	01	02	03	04	05	06
01.01.	Nov		Dez		Jan		Feb		Mrz		Apr		
15.01.		Dez		Jan		Feb		Mrz		Apr			Mai
01.02.	Dez		Jan		Feb		Mrz		Apr			Mai	
15.02.		Jan		Feb		Mrz		Apr			Mai		Jun
01.03.	–		Feb		Mrz		Apr			Mai		Jun	–
15.03.	–	–		Mrz		Apr			Mai		Jun		–
01.04.	–	–	–	Mrz		Apr			Mai		Jun		–
15.04.	–	–	–	–	Apr			Mai		Jun		Jul	–
01.05.	–	–	–	–		Mai		Jun		Jul		–	–
15.05.	–	–	–	–	–	Mai		Jun		Jul		–	–
01.06.	–	–	–	–	–		Jun		Jul	Aug		–	–
15.06.	–	–	–	–	–	Jun		Jul	Aug			–	–
01.07.	–	–	–	–	–		Jul	Aug		Sep		–	–
15.07.	–	–	–	–	–	Jul	Aug		Sep			–	–
01.08.	–	–	–	–	–		Aug		Sep		Okt	–	–
15.08.	–	–	–	–	Aug		Sep		Okt		Nov	–	–
01.09.	–	–	–	–		Sep		Okt		Nov		Dez	–
15.09.	–	–	–	–	Sep		Okt		Nov		Dez		–
01.10.	–	–	–	Sep		Okt		Nov		Dez		Jan	
15.10.	–	–	Sep		Okt		Nov		Dez		Jan		Feb
01.11.	–		Okt		Nov		Dez		Jan		Feb		Mrz
15.11.		Okt		Nov		Dez		Jan		Feb		Mrz	
01.12.	Okt		Nov		Dez		Jan		Feb		Mrz		Apr
15.12.		Nov		Dez		Jan		Feb		Mrz		Apr	

Die Gültigkeit der Sommerzeit ist durch die unterlegte Fläche markiert.

Einleitung

Auch der Anblick des Nordhimmels mit den Zirkumpolarsternen variiert über das Jahr. Der Pfeil markiert den Zenit jeweils zur Monatsmitte gegen 23 Uhr.

schon wird deutlich, was gemeint ist: Die Sonne durchwandert auf ihrer Bahn, der sogenannten Ekliptik, jedes Jahr einmal alle Tierkreissternbilder (s. Seite Sonnenlauf). Dadurch driften die Sterne und Sternbilder auf den Karten Monat für Monat immer weiter nach rechts. Im Januar blicken wir am mittleren Abend (gegen 21 Uhr zur Monatsmitte) in eine andere Richtung als drei, sechs oder gar neun Monate später. Tatsächlich tauchen die meisten Sternbilder, die im Januar um diese Zeit im Süden stehen, im Herbst zur gleichen Zeit bereits am Osthimmel auf und sind im Frühjahr noch über dem Westhorizont zu finden. Diesem „Jahreskarussell", das wir auch verfolgen könnten, wenn die Erde sich nicht um ihre eigene Achse drehen würde, ist noch das „Tageskarussell" der Erdrotation überlagert. Für Einsteiger ist dies häufig verwirrend. Wer den Anblick des Himmels aber auch mal zu anderen Beobachtungszeiten als dem mittleren Abend mit einem

Kartenbild vergleichen möchte, kann dazu gemäß der Tabelle auf Seite 9 eine passende andere Monatskarte benutzen. Die einzelnen Monatssternkarten zeigen den Anblick des Himmels nämlich auch in anderen als dem jeweils angegebenen Monat, dann aber zu einer anderen Uhrzeit. Die angezeigten Planetenpositionen gelten jedoch nur jeweils zur Mitte des angegebenen Monats! Neben den Sternbildern, die jede Nacht und im Laufe des Jahres auf und untergehen, gibt es auch solche, die in unseren Breiten nie untergehen: Dies sind die sogenannten Zirkumpolarsternbilder (s. Abb. links), die sich in einem Kreis um den Polarstern am Nordhimmel befinden. Neben dem Großen und Kleinen Bären (oder Wagen) zählt dazu z. B. auch die Kassiopeia, deren fünf hellere Sterne sich zur Zickzacklinie des Buchstabens W verbinden lassen und die deswegen oft auch als „Himmels-W" bezeichnet wird.

Tipps für die Himmelsbeobachtung

Bevor wir uns den Höhepunkten und danach den einzelnen Monaten des Jahres zuwenden, erhalten Sie hier noch einige hilfreiche Tipps und Anregungen für eine erfolgreiche Beobachtung des himmlischen Geschehens. Sehr empfehlenswert ist grundsätzlich übrigens auch der Besuch einer Volkssternwarte. Dort kann man durch ein großes Teleskop beispielsweise die Krater auf dem Mond, die Ringe des Saturn oder einen glitzernden Sternhaufen betrachten. Die Mitglieder vieler Sternwarten bieten Führungen an, in denen sie ihr Wissen und ihre Teleskope einsetzen, um möglichst vielen Mitmenschen die Schönheiten der Natur jenseits der irdischen Atmosphäre zu zeigen und ggf. mit Tipps für die eigene Beobachtung zur Seite zu stehen.

WO IST SÜDEN?

Da die Sternkarten in diesem Buch vor allem die Sterne in Richtung Süden zeigen, sollten Sie sich vor Ihrer ersten Himmelsbeobachtung zunächst über die Lage der Himmelsrichtungen klar werden. Mit Hilfe der Sterne geht das auch ohne Kompass oder GPS. Man muss nur die bekannte Figur des Großen Wagens finden, die aus sieben etwa gleich hellen Sternen besteht. Zum Glück steht der Große Wagen bei uns immer am Himmel, in jeder Nacht und zu jeder Jahreszeit. Aber er ist nicht immer an der

Einleitung

gleichen Stelle zu finden: So steht er am 1. Oktober gegen 22 Uhr wie ein richtiger Bollerwagen tief über dem Horizont. Am 1. Januar balanciert er dagegen zur gleichen Zeit halbhoch am Himmel, gleichsam auf der Spitze der Deichsel. Am 1. April findet man ihn gegen 23 Uhr Sommerzeit fast im Zenit, also im Scheitelpunkt des Himmels, und am 1. Juli hängt der Wagen scheinbar an der Deichselspitze halbhoch vom Himmel herab (vgl. Abbildung unten). Wenn man den Himmelswagen gefunden hat, braucht man nur noch die beiden hinteren Kastensterne zu identifizieren und diese dann in Gedanken miteinander zu verbinden. Verlängert man die so gewonnene Linie „nach oben" (bezogen auf die Straße, auf der der gedachte Wagen rollt), so trifft man in einigem Abstand auf einen achten, ähnlich hellen Stern. Dies ist der Polarstern, der ziemlich genau am Nordpol des Himmels steht. Wenn wir in seine Richtung schauen, so blicken wir „nach Norden".

Der Polarstern ist zwar nicht der hellste Stern am nördlichen Himmel, wohl aber der hellste Stern im Sternbild Kleiner Bär, das mitunter auch als Kleiner Wagen bezeichnet wird. Um ihn dreht sich jede Nacht das gesamte „Himmelszelt", er ist damit der einzige Stern am Himmel, dessen Position im Laufe einer Nacht und im Laufe eines Jahres immer gleich ist. Daher lässt er sich als einziger Stern auch mit Hilfe irdischer Objekte wie zum Beispiel einem Kirchturm oder einem Haus aufsuchen. In unseren Breiten steht er etwa halbhoch am Himmel.

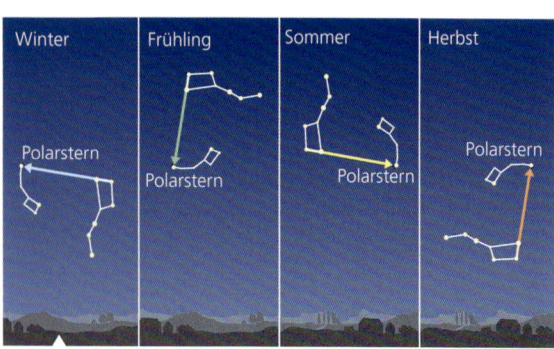

Vom Großen Wagen zum Polarstern.

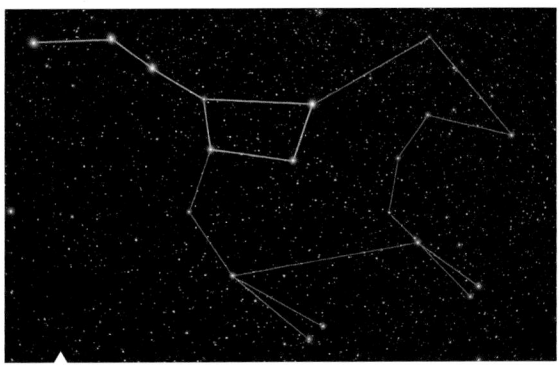

Der Große Wagen ist ein Teil des Sternbildes Großer Bär.

Der Große Wagen ist übrigens in Wahrheit kein eigenes Sternbild, er ist Teil eines viel größeren Sternbildes, des Großen Bären (s. Abb. oben). Mit der Nordrichtung sind dann auch die übrigen Himmelsrichtungen festgelegt. Wenn Sie dem Polarstern den Rücken zukehren, blicken Sie nach Süden und haben linker Hand Osten, rechter Hand dagegen Westen.

EIN GEEIGNETER BEOBACHTUNGSPLATZ

Wer den nächtlichen Himmel möglichst „ungestört" beobachten möchte, muss in der Regel relativ weite Wege zurücklegen. Zahllose Lampen zur Beleuchtung öffentlicher Straßen oder privater Gärten sind nämlich leider so gestaltet, dass sie einen Großteil des Lichtes nicht nach unten leiten, sondern seitlich oder gar himmelwärts entweichen lassen. Dieses Licht stört die Beobachtung des Sternhimmels sehr, zumal es zusätzlich an Staub- und Dunstpartikeln gestreut wird. In Städten und Orten sind deswegen nur noch die hellsten Sterne erkennbar. Daher sollte der Himmel an Ihrem Beobachtungsort nicht zu sehr von irdischen Störlichtern aufgehellt werden. Wo der Himmel in unserem Land wirklich noch dunkel ist, kann man zum Beispiel im Internet unter folgender Adresse erfahren: *www.lichtverschmutzung.de*. Der Standort sollte außerdem eine möglichst freie Rundumsicht gewähren, vor allem nach Süden. Ein freier Blick bis herunter zum Horizont ist schön, aber nur bei der Suche nach dem sonnennächsten Planeten Merkur wirklich erforderlich – alle

Einleitung

Der Schwan ist ein großes und recht einfach zu erkennendes Sternbild. Die Sterne zeichnen den Rumpf samt Flügel und den langen Hals des Tieres nach.

übrigen Beobachtungsobjekte schaut man sich besser an, wenn sie höher am Himmel stehen. Je höher sie über dem Horizont stehen, desto weniger wird ihr Licht durch die irdische Atmosphäre geschwächt oder beeinflusst.

AUSRÜSTUNG FÜR DIE BEOBACHTUNG

Wer es bequem haben möchte, nimmt sich einen Stuhl mit, etwa einen Campingstuhl mit Armlehnen. Auf diese Weise kann man sich einfacher Notizen machen oder die Arme aufstützen, wenn man den Himmel mit einem Fernglas beobachtet. Ein Beobachtungsbuch, in das eingetragen wird, was wann, wo und wie beobachtet wurde, ist auf jeden Fall nützlich. Mit seiner Hilfe kann man später eigene Beobachtungen rekonstruieren und vergleichen. Dazu braucht man natürlich auch eine geeignete Beleuchtung, die die Augen nicht blendet und ihre Anpassung an die dunkle Umgebung schont.
Hilfreich ist hierfür eine Lampe (Taschenlampe, Stirnlampe), deren Frontlinse mit roter Folie überklebt oder mit

einem Rotfilter versehen wird, da unsere Augen für rotes Licht nicht so sehr empfindlich sind. Lassen Sie Ihren Augen hinreichend Zeit, sich an die Dunkelheit zu gewöhnen, um auch weniger helle Sterne zu erfassen. Das kann bis zu einer halben Stunde dauern.

Wer sich auf eine längere Beobachtungszeit einstellt, sollte sich hinreichend warm anziehen – in klaren Nächten kühlt die Luft deutlich stärker ab als unter einer Wolkendecke! Darüber hinaus kann ein (warmes) Getränk sowie eine Kleinigkeit zu essen nicht schaden, um sich auch von innen her aufzuwärmen beziehungsweise wach zu halten. Wer regelmäßig den Himmel beobachtet, wird bald auch die einzelnen Sternbilder identifizieren wollen. Großer Wagen, Orion, Löwe, Schwan und Kassiopeia sind recht einprägsam, aber viele andere Figuren sind vielleicht doch nicht so leicht zu finden. Auch hierfür gibt es natürlich über dieses Buch hinaus weitere Hilfsmittel wie zum Beispiel das Büchlein *Welches Sternbild ist das?* (s. Literaturverzeichnis S. 94), das die einzelnen Figuren im Detail vorstellt und beschreibt. Abgesehen davon gilt auch hier die alte Weisheit, dass vor allem Übung den Meister macht ...

MIT EINEM FERNGLAS BEOBACHTEN

Als erstes Beobachtungsinstrument empfiehlt sich der Einsatz eines in vielen Haushalten ohnehin vorhandenen Fernglases. Heutige Ferngläser haben sogar häufig eine bessere Qualität als die ersten Teleskope, mit denen die

Himmelsbeobachterin mit Fernglas.

Einleitung

Beobachter vor rund 400 Jahren ihre revolutionären Entdeckungen gemacht haben. Der Objektivdurchmesser sollte allerdings möglichst 40 Millimeter oder größer sein, wenn man wirklich mehr als mit bloßem Auge sehen möchte. Man findet diesen Wert als zweite Zahl bei der typischen Charakterisierung eines Fernglases: Ein 6 × 42-Fernglas beispielsweise hat bei einer sechsfachen Vergrößerung einen Objektivdurchmesser von 42 Millimetern, und ein 10 × 50-Glas vergrößert zehnfach bei einem Objektivdurchmesser von 50 Millimetern. Teilt man die zweite Zahl durch die erste, so sagt das Ergebnis etwas über die Lichtstärke des Instruments aus. Dieser Wert liegt meist zwischen drei und sieben und ist umso besser, je näher er bei sechs liegt (für jüngere Sternfreunde darf er auch bei sieben liegen).

Auf jeden Fall sollte man ein Fernglas abstützen, denn schon das leiseste Zittern der Hände wird gnadenlos mitvergrößert, und bei einem Blick weit nach oben lässt sich ein Zittern kaum vermeiden – vor allem dann, wenn man den Körper zurücklehnen muss. Dazu gibt es Adapter, mit denen man ein Fernglas auf ein (stabiles) Stativ schrauben und auf ein Himmelsobjekt ausrichten kann. So kann man nicht nur selbst in Ruhe ein Objekt anschauen, sondern auch einem Begleiter das gewünschte Objekt zeigen.

ERSTE ASTROFOTOS

Mitunter möchte man eine bestimmte Konstellation auch fotografisch dokumentieren. Mit einer Digitalkamera geht das ziemlich problemlos, wenn man entweder die Empfindlichkeit des Apparates oder die Belichtungszeit ändern und von Hand einstellen kann. Bei Belichtungszeiten unterhalb von fünf bis zehn Sekunden bleiben die Sterne trotz der Drehung der Erde noch weitgehend punktförmig – zumindest dann, wenn man mit einer Normaloptik oder einem leichten Teleobjektiv fotografiert. Mit Empfindlichkeitswerten um 400 ISO kann man bei den genannten Belichtungszeiten alle Sterne festhalten, die mit dem bloßem Auge zu erkennen sind, und so etwa die Begegnung des Mondes mit einem Planeten oder einem helleren Fixstern für die Nachwelt aufzeichnen. Was es sonst noch am Nachthimmel und auch am Taghimmel Spannendes zu sehen und zu fotografieren gibt, dazu bietet z. B. das Buch *Himmelsfotografie* zahlreiche Anregungen und Tipps (siehe Seite 94).

Highlights 2023

Nicht viel los am Himmel

Astronomisch droht das Jahr 2023 für Himmelsbeobachter in Mitteleuropa ein „Langweiler" zu werden: Von den vier Finsternissen ist nur eine von Mitteleuropa aus sichtbar und auch zwischen den Planeten des Sonnensystems gibt es nur eine sehenswerte Begegnung am Himmel. Einzig eine Bedeckung der Venus durch den Mond kann als wirkliches Highlight bezeichnet werden, doch wird diese Einstufung durch den Zeitpunkt (später Vormittag und somit am Taghimmel) gleich wieder relativiert.

Randbedingungen

Insgesamt vier Finsternisse – je zwei Sonnen- und zwei Mondfinsternisse – sind, zumindest global betrachtet, die alljährliche Grundversorgung mit besonderen Ereignissen. Bekanntlich muss für das Zustandekommen einer Finsternis der Erdtrabant als Neumond oder Vollmond ziemlich genau auf der Ekliptik (der scheinbaren Sonnenbahn) ste-

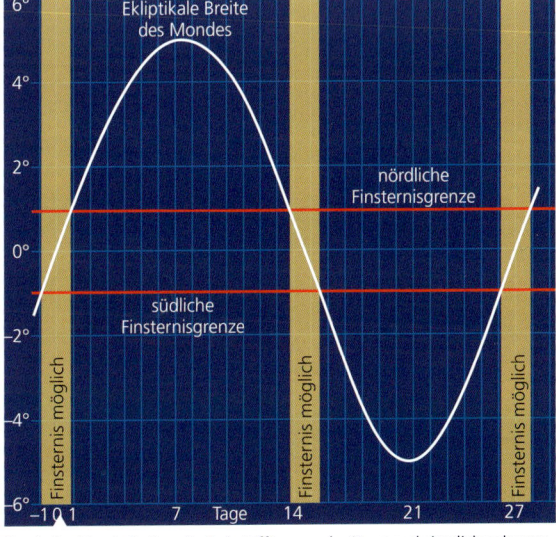

Damit der Mondschatten die Erde trifft, muss der Neumond ziemlich nahe zur Ekliptik stehen.

Highlights 2023

hen, damit entweder der Schatten des Neumondes über die Erde hinweg ziehen (Sonnenfinsternis) oder der Vollmond durch den Schatten der Erde wandern kann. (Der Begriff „Ekliptik" rührt übrigens genau daher, denn er bedeutet eigentlich „Finsternislinie" – die englische Bezeichnung „eclipse" für Finsternis lässt diesen Zusammenhang noch erkennen.)

Weil aber die Mondbahn um rund 5,15 Grad gegen die Ekliptik geneigt ist, hält sich der Mond während eines Umlaufs um die Erde nur zweimal für jeweils etwa anderthalb Tage nahe genug an der Ekliptik auf, um auf jeden Fall eine Finsternis hervorzurufen – einmal im Bereich des sogenannten aufsteigenden Bahnknotens (wo er die Ekliptik von Süd nach Nord überschreitet) und dann etwa zwei Wochen später im Bereich des absteigenden Knotens (wo der Mond die Ekliptik von Nord nach Süd überquert). Zeigt einer der beiden Schnittpunkte in Richtung Sonne und erlaubt damit eine Sonnenfinsternis, so liegt der andere dann gerade in Gegenrichtung und ermöglicht eine Mondfinsternis, wobei diese zwei Wochen vor oder nach der Sonnenfinsternis eintreten kann.

Nach dem nächsten Mondumlauf haben sich Erde und Mond(bahn) rund 30 Grad weiter um die Sonne bewegt, und das bedeutet, dass der eine Mondbahnknoten dann nicht mehr in Sonnenrichtung zeigt und die Richtung zur Sonne auch nicht mehr innerhalb der Finsternisgrenzen liegt. Bis die nächste Sonnenfinsternis stattfinden kann, muss entsprechend fast ein halbes Jahr vergehen, ehe dann der andere Mondbahnknoten etwa in Richtung Sonne zeigt. So kommt es in jedem Jahr zu mindestens zwei Sonnenfinsternissen, die dann auf jeden Fall total oder – wegen einer zu großen Mondentfernung – ringförmig ausfallen. Maximal sind dagegen vier Sonnenfinsternisse in einem Jahr möglich. Dazu müssen allerdings zwei Finsternisse im Abstand von nur einem Monat aufeinanderfolgen. Das bedeutet zugleich, dass (nicht nur) bei diesem Finsternispaar die Randbedingungen nur noch „gerade so" erreicht werden können und der Mond noch bzw. schon ziemlich weit von der Knotenstellung entfernt ist. Somit kann sein Schatten nur die Süd- bzw. Nordpolarregion treffen; der Kernschatten trifft die Erde gar nicht. Solche Finsternisse werden partiell genannt.

Partielle Mondfinsternis am 28. Oktober

Ähnlich sieht es bei den Mondfinsternissen aus. Auch hier gehören mindestens zwei zur alljährlichen Basisversorgung und bis zu vier pro Jahr sind möglich, von denen dann aber mindestens drei, mitunter auch alle vier als Halbschattenfinsternisse wenig auffällig bleiben (so zuletzt 2020). Die einzige – bei entsprechenden Witterungsbedingungen – bei uns sichtbare Finsternis des Jahres steht am Abend des 28. Oktober auf dem Kalender. Mit einer Größe von 0,12 ist sie allerdings nicht sehr eindrucksvoll, weil zum Höhepunkt der Finsternis nur ein kleiner Teil der Mondoberfläche durch die Erde abgeschattet wird. Die Finsternis beginnt gegen 20:02 Uhr MESZ mit dem Eintritt des Mondes in den Halbschatten der Erde. Für einen Betrachter in dem Bereich der Mondoberfläche, der von der Finsternis erfasst wird, verschwindet in diesem Augenblick übrigens der linke Sonnenrand hinter der dunklen Erde und eine partielle Sonnenfinsternis beginnt. Gegen 21:35 Uhr MESZ verschwindet die

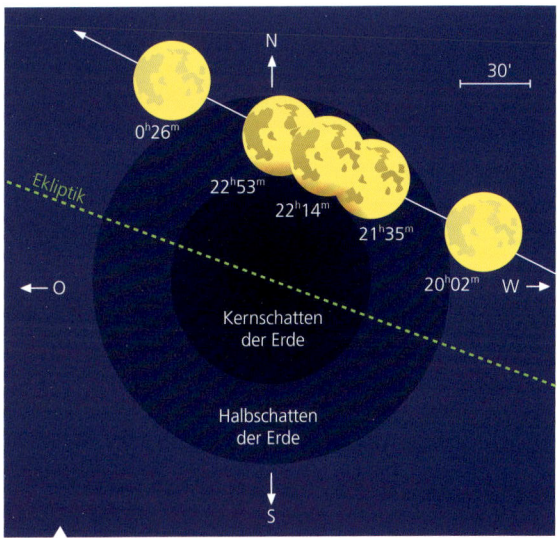

Am 28. Oktober streift der Vollmond nur den nördlichen Rand des Erdschattens; die Folge ist eine partielle Mondfinsternis.

Highlights 2023

Sonne für einen (gedachten) Beobachter unweit des Kraters Bailly vollständig hinter der Erde, während für uns die partielle Mondfinsternis beginnt. Sie dauert rund 77 Minuten und erreicht gegen 22:14 Uhr MESZ ihren Höhepunkt; um 22:53 Uhr geht sie zu Ende und um 0:26 Uhr am 29. Oktober hat der Vollmond dann auch den Halbschatten der Erde wieder verlassen.

Mond bedeckt Venus

Nicht einmal zwei Wochen später, am Morgen des 9. Novembers, folgt gleich der nächste Höhepunkt des Jahres. Dann schiebt sich die schmale, abnehmende Mondsichel rund vier Tage vor Neumond kurz vor 11 Uhr vor die Venus und bedeckt sie für etwa 70 Minuten. Mond und Venus stehen zu dieser Zeit rund 45 Grad westlich der Sonne, sodass genügend „Sicherheitsabstand" gegeben ist, um beide Gestirne recht gefahrlos mit einem Fernglas am Himmel zu suchen. Trotzdem ist man gut beraten, sich dabei so in den Schatten eines Gebäudes zu stellen, dass

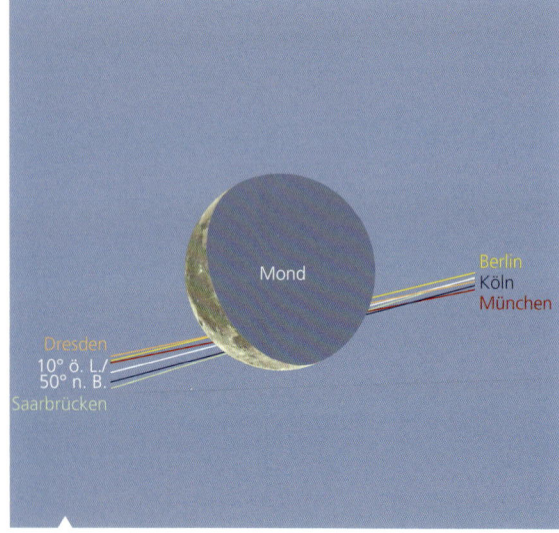

Die Venusbedeckung durch den Mond dauert für weiter nördlich gelegene Orte länger als für solche im Süden.

Bei einer Venusbedeckung durch den Mond, wie hier am 18. Juni 2007, zeigt sich eindrucksvoll, wie schnell sich der Mond bewegt.

man nicht versehentlich mit dem Instrument in die Sonne blicken kann. **ACHTUNG: Auf keinen Fall darf man mit einem Fernglas oder Teleskop ungeschützt in die Sonne blicken! Es besteht Erblindungsgefahr.**
Bei hinreichend starker Vergrößerung (acht- oder gar zehnfach) wird man sogar die Phasengestalt der Venus (etwas mehr als Halbvenus) erkennen können, sofern man das Fernglas auf ein Stativ geschraubt hat und ein entsprechend ruhiges Bild betrachten kann. Dabei wird dann auch deutlich, dass es fast eine Minute dauert, bis die Venus vollständig hinter dem hellen Mondrand verschwunden ist. Etwas schneller vollzieht sich dagegen das Wiederauftauchen am rechten, dunklen Mondrand: Hier verläuft der Mondrand etwa parallel zur Tag-Nacht-Grenze auf der Venus und so ist die sonnenbeschienene Seite des Planeten schon nach nur rund 40 Sekunden voll sichtbar.

JAN # Was sich am Himmel tut

	abends	nachts	morgens	Mond-phase	Aufgang Untergang
Neujahr 1 So	16^h Mond im aufsteigenden Knoten				12:55 02:49
2 Mo	Venus wechselt ins Sternbild Steinbock				13:14 04:03
3 Di	3^h Mond 3° südl. der Plejaden, 20^h Mond 1° südl. von Mars				13:38 05:17
4 Mi	4^h Quadrantiden-Meteorstrom im Maximum, 17^h Erde in Sonnennähe (147,1 Mio. km)				14:09 06:28
5 Do					14:49 07:33
Dreikönige 6 Fr					15:40 08:28
7 Sa	Kleinster Vollmond des Jahres, Merkur in unterer Konjunktion, 18^h Mond 3° südöstl. von Pollux			VM	00:08 16:41 09:12
8 So	10^h Mond in Erdferne (406.459 km)				17:48 09:46
9 Mo					18:58 10:11
10 Di	7^h Mond 6° nordwestl. von Regulus, 21^h Mond 5° östl. von Regulus				20:08 10:30
11 Mi					21:18 10:46
12 Do	Mars beendet Oppositionsschleife				22:27 11:00
13 Fr					23:38 11:13
14 Sa					-- 11:27
15 So	2^h Mond 3° nordöstl. von Spica			LV	03:10 00:50 11:41

Merkur · Venus · Mars · Jupiter · Saturn · Mond

Was sich am Himmel tut

	abends	nachts	morgens	Mondphase	Aufgang Untergang
16 Mo	8ʰ Mond im absteigenden Knoten				02:06 11:58
17 Di					03:28 12:20
18 Mi	7ʰ Mond 3° nordwestl. von Antares				04:52 12:51
19 Do					06:15 13:36
20 Fr					07:29 14:40
21 Sa	22ʰ Mond in größter Erdnähe (356.570 km)				NM 21:53 08:26 16:02
22 So	18ʰ Venus 0,5° südl. von Saturn				09:07 17:33
23 Mo	18ʰ Mond 6° östl. von Saturn und 5° östl. von Venus				09:36 19:06
24 Di	Venus wechselt ins Sternbild Wassermann				09:57 20:34
25 Mi	21ʰ Mond 6° südwestl. von Jupiter				10:14 21:58
26 Do	18ʰ Mond 8° östl. von Jupiter				10:29 23:18
27 Fr					10:44 --
28 Sa	17ʰ Mond im aufsteigenden Knoten				EV 16:19 11:00 00:36
29 So					11:18 01:52
30 Mo	Merkur in größter westl. Elongation (25°), 1ʰ Mond 6° südwestl. der Plejaden, 18ʰ Mond 5° östl. der Plejaden				11:41 03:07
31 Di	2ʰ Mond 3° westl. von Mars und 8° nördl. von Aldebaran				12:09 04:20

JAN — Sonne und Planeten

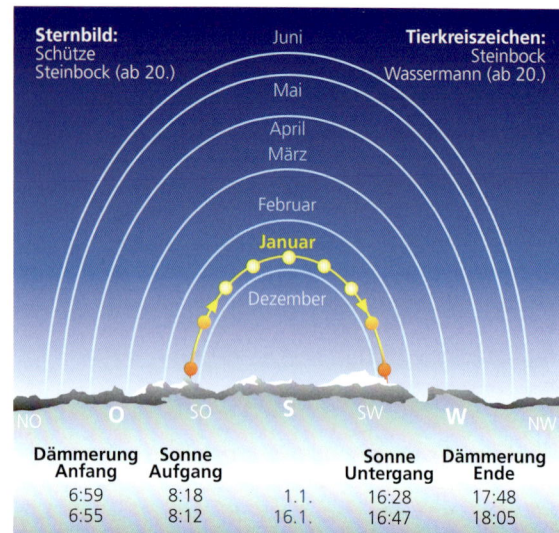

Sternbild: Schütze, Steinbock (ab 20.)
Tierkreiszeichen: Steinbock, Wassermann (ab 20.)

	Dämmerung Anfang	Sonne Aufgang		Sonne Untergang	Dämmerung Ende
1.1.	6:59	8:18		16:28	17:48
16.1.	6:55	8:12		16:47	18:05

- Die **SONNE** wandert durch das Sternbild Schütze und erreicht am 20.1. den Steinbock; am gleichen Tag wechselt sie in das Tierkreiszeichen Wassermann. Die Mittagshöhe nimmt von 17° auf 23° zu, die Länge des lichten Tages von 8:11 Stunden auf 9:17 Stunden.

- **MERKUR** steht am 7.1. in unterer Konjunktion und erreicht zwar am 30.1. eine größte westliche Elongation, bleibt aber den ganzen Monat hindurch unsichtbar.

- **VENUS** verschwindet zuletzt gut 2 Stunden nach der Sonne hinter dem Horizont.

- **MARS** wandert anfangs noch rückläufig durch den Stier, kehrt aber am 12.1. seine Bewegungsrichtung um und zieht langsam ostwärts weiter.

- **JUPITER** bewegt sich langsam ostwärts durch das Sternbild Fische, wo er wegen seiner Helligkeit leicht zu finden ist.

- **SATURN** wird am Abendhimmel von der Sonne eingeholt und verschwindet zum Monatsende in ihrem Glanz.

Beobachtungstipp `JAN`

Das Sternbild Stier mit den beiden Sternhaufen der Plejaden und Hyaden ist im Winter am Abendhimmel gut zu erkennen.

DAS STERNBILD STIER

Der Stier gehört zu den Figuren, deren Umrisse am Himmel eine gewisse Ähnlichkeit mit dem realen Gegenstück aufweisen. Man muss allerdings wissen, dass man am Himmel nur den Stierkopf mit angrenzenden Rumpfpartien sieht – der Rest ist gleichsam „unter Wasser", denn hinter dieser Maske verbirgt sich der griechische Götterboss Zeus, der der Sage nach die schöne Europa von Kleinasien gen Westen entführte. Der himmlische Stier trägt dagegen die Plejaden auf seinem Rücken, die sich als ein nahegelegener Sternhaufen entpuppen (auch „Siebengestirn" genannt).

EIN BLUTUNTERLAUFENES AUGE

Den eigentlichen Stierkopf markiert ein zweiter Sternhaufen, der aufgrund seiner geringen Distanz von rund 130 Lichtjahren bestenfalls als leicht verdichtete, v-förmige Sternengruppe erscheint. Allerdings gehört Aldebaran, das rötliche Auge, nicht zu dieser als Hyaden („Regengestirn") bezeichneten Gruppe; als hellstem Stern der Figur fällt ihm die Rolle des Hauptsterns zu. Wer die Hyaden mit einem Fernglas betrachtet, findet dort einige hübsche Sternpaare (optische Doppelsterne), die nur einige Lichtjahre voneinander entfernt stehen.

JAN Sterne und Sternbilder

Sterne und Sternbilder [JAN]

DER STERNHIMMEL IM JANUAR

Zur gewohnten Beobachtungszeit (etwa 21 Uhr zur Monatsmitte, am Monatsanfang eine Stunde später) erscheint der Himmel beim Blick nach Süden zweigeteilt: Während die Osthälfte zahlreiche helle Sterne enthält, sucht man solche in der Westhälfte vergeblich. Dorthin haben sich die Bilder des Herbsthimmels verzogen, die keine Sterne der ersten Größenklasse und kaum solche der zweiten Größe enthalten; zumindest am aufgehellten (Groß)Stadthimmel wirkt diese Region regelrecht sternarm.

VORFREUDE

Dagegen weckt die Osthälfte mit ihrer Sternenpracht die Vorfreude auf den Februar, wenn die Figuren um den Himmelsjäger Orion zur besten Beobachtungszeit am Südhimmel ihren größten Glanz entfalten. Doch schon jetzt hat Kapella, der Hauptstern im Fuhrmann, am Südosthimmel eine beträchtliche Höhe erreicht. Der Stern, der bei uns nie untergeht, ist rund 43 Lichtjahre entfernt – wir sehen den Stern also heute so, wie er 1980 ausgesehen hat. Was uns als ein heller Lichtpunkt erscheint, erweist sich in Wirklichkeit als vergleichsweise enges Paar zweier gelber Riesensterne von jeweils rund 2,5-facher Sonnenmasse und etwa 75-facher Sonnenleuchtkraft, die sich im Abstand Sonne–Venus alle 104 Tage einmal gegenseitig umkreisen; ihre Durchmesser werden mit zwölf bzw. neun Sonnendurchmessern angegeben.

EIN ROTER ÜBERRIESE

Mit deutlich über 700-fachem Sonnendurchmesser wesentlich größer ist dagegen Beteigeuze, der rötliche linke Schulterstern des Orion. Seine Helligkeit war zu Beginn der 2020er-Jahre vorübergehend zurückgegangen, sodass schon gemutmaßt wurde, sein jähes Ende in Form einer Supernova stehe „unmittelbar" bevor. Inzwischen konnte gezeigt werden, dass Beteigeuze aber lediglich eine größere Menge an heißem Gas ausgeworfen hatte, das dann abkühlte und als „Dunkelwolke" über Monate hinweg einen Teil des riesigen Sterns verdeckte.

MILCHSTRASSEN-SPAZIERGANG

Zwischen Beteigeuze und Prokyon, dem Hauptstern im Kleinen Hund, verläuft das Band der Wintermilchstraße – und von hier weiter östlich an Sirius im Großen Hund sowie in der Gegenrichtung westlich an Kapella vorbei. Hier lohnt sich ein „Spaziergang" mit einem Fernglas, um die zahlreichen Sternhaufen und Gasnebel dieser Gegend zu erspähen.

FEB — Was sich am Himmel tut

	abends	nachts	morgens	Mond-phase	Aufgang Untergang
1 Mi					12:46 / 05:27
2 Do					13:34 / 06:24
3 Fr	6ʰ Mond 8° westl. von Pollux, 21ʰ Mond 2° südl. von Pollux				14:32 / 07:12
4 Sa	10ʰ Mond in Erdferne (406.476 km)				15:38 / 07:48
5 So	Jupiter wechselt ins Sternbild Walfisch			VM 19:29	16:47 / 08:15
6 Mo	19ʰ Mond 4° nördl. von Regulus				17:58 / 08:36
7 Di					19:08 / 08:53
8 Mi					20:18 / 09:08
9 Do					21:28 / 09:21
10 Fr					22:39 / 09:33
11 Sa	6ʰ Mond 3° nördl. von Spica, späteste Mittagsstellung der Sonne (12ʰ14ʰ)				23:53 / 09:47
12 So	9ʰ Mond im absteigenden Knoten				-- / 10:02
13 Mo	Saturn wechselt ins Sternbild Wassermann			LV 17:01	01:10 / 10:21
14 Di	6ʰ Mond 8° westl. von Antares				02:31 / 10:47
15 Mi	5ʰ Mond 6° östl. von Antares				03:53 / 11:24

Merkur · Venus · Mars · Jupiter · Saturn · Mond

Was sich am Himmel tut

	abends　　nachts　　morgens	Mondphase	Aufgang Untergang
16 Do	Saturn in Konjunktion, Venus wechselt ins Sternbild Fische		05:09 12:16
17 Fr			06:12 13:28
18 Sa			06:59 14:54
19 So	Jupiter wechselt ins Sternbild Fische, 10^h Mond in Erdnähe (358.267 km)		07:33 16:27
Rosenmontag 20 Mo		NM 08:06	07:57 17:59
Fastnacht 21 Di			08:16 19:27
Aschermittwoch 22 Mi	19^h Mond 4° westl. von Venus und 4° südwestl. von Jupiter		08:33 20:52
23 Do			08:48 22:13
24 Fr	20^h Mond im aufsteigenden Knoten		09:04 23:34
25 Sa			09:21 --
26 So	Venus wechselt ins Sternbild Walfisch, 19^h Mond 2° südl. der Plejaden		09:42 00:52
27 Mo	Venus wechselt ins Sternbild Fische, 19^h Mond 9° nördlich von Aldebaran	EV 09:06	10:08 02:07
28 Di	2^h Mond 2° westl. von Mars		10:43 03:18

FEB — Sonne und Planeten

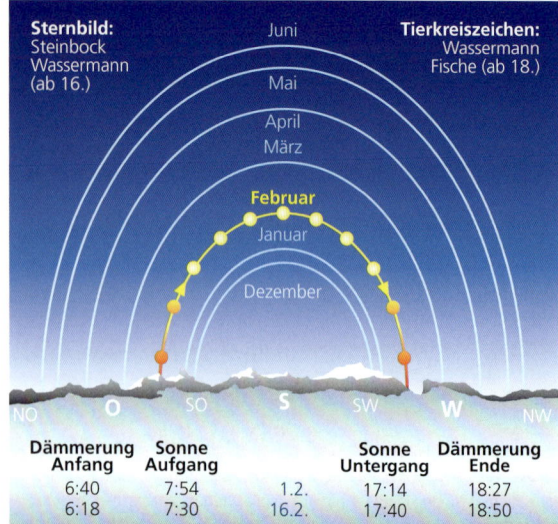

- Die **SONNE** wandert zunächst durch das Sternbild Steinbock und erreicht am 16.2. den Wassermann; am 18.2. wechselt sie in das Tierkreiszeichen Fische. Die Mittagshöhe nimmt von 23° auf 32° zu, die Länge des lichten Tages entsprechend von 9:21 Stunden auf 10:55 Stunden.

- **MERKUR** stand Ende Januar in größter westlicher Elongation, kann sich aber am Morgenhimmel nicht durchsetzen.

- **VENUS** vergrößert ihren östlichen Winkelabstand zur Sonne auf 30° und rückt dabei jeden Abend ein Stück näher an Jupiter heran.

- **MARS** bewegt sich, langsam schneller werdend, ostwärts durch den Stier, wo er immer noch heller als der ebenfalls rötliche Aldebaran erscheint.

- **JUPITER** streift in diesem Monat die Nordwestecke des Walfischs; sein Abstand zur Sonne schrumpft auf gut 30°.

- **SATURN** steht am 16.2. in Konjunktion mit der Sonne und bleibt den ganzen Monat über unsichtbar.

Beobachtungstipp FEB

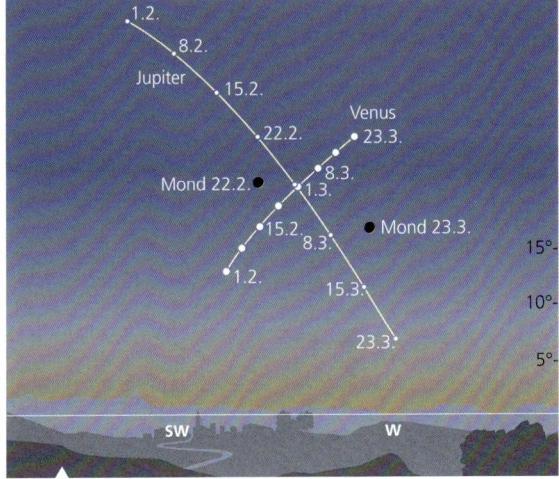

Ende Februar/Anfang März treffen sich Venus und Jupiter am Abendhimmel; zweimal im Abstand von vier Wochen schaut der zunehmende Mond vorbei.

VENUS TRIFFT JUPITER

Im diesem Monat kann man am westlichen Abendhimmel verfolgen, wie zwei auffallend helle Lichtpunkte einander Tag für Tag näher kommen. Dabei leuchtet der hellere von beiden jeden Abend etwas höher am Himmel auf, während der andere sich jedes Mal erst etwas tiefer über dem Horizont gegen die verblassende Dämmerung durchsetzen kann. Bei diesem zweiten Objekt handelt es sich um den Riesenplaneten Jupiter, dessen Sichtbarkeitsperiode allmählich zu Ende geht, weil er zunehmend von der Sonne eingeholt wird; der hellere Lichtpunkt dagegen ist Venus, der innere Nachbarplanet der Erde, der zuletzt hinter der Sonne hergezogen ist und nun einen immer größer werdenden seitlichen Abstand zur Sonne gewinnt.

HIMMLISCHES SPEED-DATING

Am 22. Februar erhält das noch rund 7 Grad auseinander stehende Paar Besuch von der schmalen Mondsichel. Anfang März zieht Venus in rund 0,6 Grad Abstand an Jupiter vorbei und dann würde der Mond gerade noch zwischen beide „passen". Wenn der Mond am 23. März erneut vorbei kommt, stehen Venus und Jupiter schon mehr als 20 Grad auseinander und Jupiter ist dann schon fast im Glanz der Sonne verschwunden.

FEB — Sterne und Sternbilder

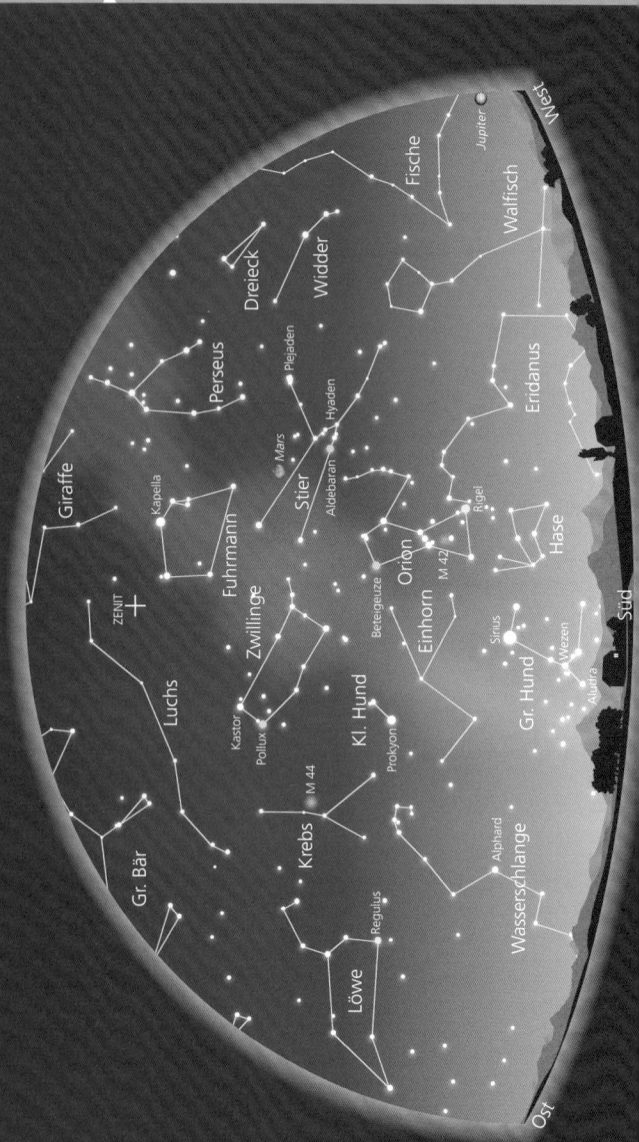

Sterne und Sternbilder [FEB]

Sirius wird von einem Weißen Zwerg umrundet, der hier links unten zu erkennen ist.

DER STERNHIMMEL IM FEBRUAR

Nicht nur der meteorologische Winter erreicht in der Regel in diesem Monat seinen Höhepunkt, sondern auch der astronomische: Die an hellen Sternen reiche Gruppe um den Himmelsjäger Orion steht jetzt zur gewohnten Beobachtungszeit in bester Position am Südhimmel. Insgesamt umfasst sie 17 Sterne der ersten Größenklasse und darüber und somit mehr als ein Drittel derartig heller Sterne am gesamten Himmel über der Erde.

MEHR SCHEIN ALS SEIN

Rekordhalter ist bekanntlich Sirius, der Hauptstern im Großen Hund, der aber vor allem aufgrund seiner geringen Entfernung von nur knapp neun Lichtjahren so hell erscheint. In Wirklichkeit leuchten zwei andere Sterne im Großen Hund, Aludra und Wezen, wesentlich heller als Sirius, nämlich rund 2600- bzw. 2000-mal so hell wie dieser, aber sie stehen auch etwa 2000 bzw. 1600 Lichtjahre entfernt. Auf Sirius folgen Kapella, Rigel, Prokyon und Beteigeuze, Aldebaran und Pollux, die bis auf Beteigeuze allesamt Eckpunkte des Wintersechsecks rund um diese markieren und daher mitunter auch als „Kette der Beteigeuze" bezeichnet werden. Von ihnen ist Prokyon mit knapp siebenfacher Sonnenleuchtkraft der leuchtschwächste Stern, der – ähnlich wie Sirius – nur aufgrund seiner geringen Distanz von gut elf Lichtjahren so hell erscheint.

KOSMISCHE WINZLINGE

Beide – Sirius und Prokyon – werden von einem weißen Zwergstern umrundet, dem Überrest eines vorzeitig gealterten Sternpartners. Solche Objekte besitzen zwar die Masse einer Sonne, sind aber kaum größer als die Erde. Im Fernglas bleiben diese Begleiter allerdings unsichtbar und selbst in größeren Amateurteleskopen sind sie aufgrund des großen Helligkeitsunterschieds und der Nähe zum jeweiligen Zentralstern nicht leicht zu finden.

MÄR — Was sich am Himmel tut

	abends	nachts	morgens	Mond-phase	Aufgang Untergang
1 Mi	20ʰ Venus 1° westl. von Jupiter				11:28 04:20
2 Do	19ʰ Venus 1° nördl. von Jupiter				12:22 05:11
3 Fr	5ʰ Mond 3° südl. von Pollux, 19ʰ Mond in Erdferne (405.890 km)				13:27 05:50
4 Sa					14:35 06:20
5 So					15:46 06:42
6 Mo	3ʰ Mond 4° nördl. von Regulus				16:57 07:00
7 Di				VM 13:40	18:08 07:15
8 Mi					19:19 07:29
9 Do					20:30 07:41
10 Fr	6ʰ Mond 5° nordwestl. von Spica, 13ʰ Mond 6° östl. von Spica				21:44 07:54
11 Sa	10ʰ Mond im absteigenden Knoten				23:00 08:08
12 So					-- 08:26
13 Mo					00:19 08:49
14 Di	4ʰ Mond 1° östl. von Antares				01:40 09:21
15 Mi				LV 03:38	02:56 10:06

Merkur · Venus · Mars · Jupiter · Saturn · Mond

Was sich am Himmel tut

Tag	abends / nachts / morgens	Mondphase	Aufgang Untergang
16 Do	Venus wechselt ins Sternbild Widder		04:03 / 11:08
17 Fr	Merkur in oberer Konjunktion		04:54 / 12:26
18 Sa			05:32 / 13:54
19 So	Mars in nördlichster Position des Jahres, 18ʰ Mond in Erdnähe (362.698 km)		05:59 / 15:25
Frühlingsanfang 20 Mo	22ʰ25ᵐ Sonne im Frühlingspunkt – Frühlings-Tagundnachtgleiche		06:19 / 16:53
21 Di		NM 18:23	06:36 / 18:19
22 Mi			06:51 / 19:44
23 Do			07:07 / 21:06
24 Fr	3ʰ Mond im aufsteigenden Knoten, 20ʰ Mond 4° östl. von Venus		07:23 / 22:27
25 Sa	23ʰ Mond 4° südl. der Plejaden		07:43 / 23:47
26 So	Mars wechselt ins Sternbild Zwillinge, 2ʰ Beginn der Sommerzeit (2ʰ MEZ = 3ʰ MESZ), 21ʰ Mond 8° östl. der Plejaden		09:07 / 00:47
27 Mo	0ʰ Mond 8° nördlich von Aldebaran		09:38 / 02:02
28 Di	21ʰ Mond 3° nordöstl. von Mars		10:19 / 03:10
29 Mi		EV 04:32	11:11 / 04:06
30 Do	3ʰ Mond 5° westl. von Pollux		12:13 / 04:50
31 Fr	13ʰ Mond in Erdferne (404.921 km), 21ʰ Mond 5° südöstl. von Pollux		13:21 / 05:23

MÄR — Sonne und Planeten

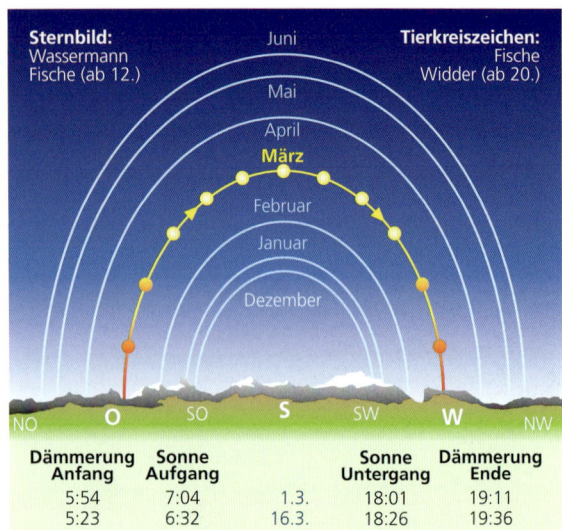

Dämmerung Anfang	Sonne Aufgang		Sonne Untergang	Dämmerung Ende
5:54	7:04	1.3.	18:01	19:11
5:23	6:32	16.3.	18:26	19:36

Die **SONNE** wandert zunächst durch das Sternbild Wassermann und erreicht am 12.3. die Fische; am 20.3. wechselt sie in das Tierkreiszeichen Widder. Die Mittagshöhe nimmt von 32° auf 44° zu, die Länge des lichten Tages entsprechend von 10:59 Stunden auf 12:52 Stunden.

MERKUR durchläuft am 17.3. eine untere Konjunktion und taucht in den letzten Tagen am Abendhimmel auf.

VENUS zieht am Monatsanfang an Jupiter vorbei und vergrößert ihren östlichen Winkelabstand zur Sonne zuletzt auf 37°; sie strahlt am westlichen Abendhimmel.

MARS durchläuft am 19.3. seine nördlichste Position des Jahres und wechselt am 26.3. ins Sternbild Zwillinge.

JUPITER bekommt am Monatsanfang Besuch von der Venus und zieht sich zum Monatsende hin vom Abendhimmel zurück.

SATURN bleibt nach der Konjunktion im Februar noch immer unsichtbar mit der Sonne am Taghimmel.

Beobachtungstipp ⟦MÄR⟧

Das Sternbild Großer Hund enthält mehrere offene Sternhaufen, denn der Blick trifft hier auf die Außenbezirke der Milchstraße.

DAS STERNBILD GROSSER HUND

Das Sternbild Großer Hund gehört zu den Wintersternbildern im Umfeld des mächtigen Orion und enthält den uns am hellsten erscheinenden Stern Sirius. Dieser spielte im Kalender der alten Ägypter eine besondere Rolle, denn immer, wenn er nach Wochen der Unsichtbarkeit wieder am Morgenhimmel vor Sonnenaufgang erspäht werden konnte, dauerte es nicht mehr lange bis zur nächsten, alljährlich wiederkehrenden Nilflut. Seine große Helligkeit verdankt Sirius in erster Linie seiner geringen Entfernung von knapp 9 Lichtjahren zu uns.

VIELE STERNHAUFEN

Mit einem Fernglas findet man etwa vier Grad unterhalb von Sirius den offenen Sternhaufen M 41. Dabei handelt es sich um eine Ansammlung von mehreren Dutzend Sternen in rund 2300 Lichtjahren Entfernung, die sich auf eine Fläche von der Größe des Vollmondes konzentrieren. Gut dreimal so weit entfernt ist NGC 2345, fast 7 Grad links oberhalb von Sirius. Auch hierbei handelt es sich um einen offenen Sternhaufen. Weil das Band der Wintermilchstraße den Westteil des Sternbilds Großer Hund streift, kann man mit einem Fernglas dort noch zahlreiche weitere Sternhaufen und Gasnebel entdecken.

MÄR Sterne und Sternbilder

Sterne und Sternbilder [MÄR]

DER STERNHIMMEL IM MÄRZ

Mitte März haben sich die prachtvollen Wintersternbilder zur gewohnten Beobachtungszeit gegen 21 Uhr auf die westliche Hälfte des Himmels zurückgezogen. Dafür steigen am Osthimmel die Frühlingsfiguren um Löwe, Wasserschlange und Jungfrau empor – sichtbares Zeichen dafür, dass die dunkle Jahreszeit allmählich zu Ende geht.

HALS ÜBER KOPF

Hoch im Westen hat die helle Kapella schon den ersten Vertikal überschritten, jene Linie, die den Westpunkt über den Zenit mit dem Ostpunkt des Horizontes verbindet und so die Grenze zwischen der (lokalen) Nord- und Südhälfte des Himmels definiert. Die Plejaden werden als nächstes folgen und der Orion neigt sich im Südwesten allmählich dem Untergang zu. Sein rechter Fußstern Rigel erscheint schon etwas tiefer als Sirius, obwohl er acht Grad nördlicher steht als dieser und entsprechend im Süden deutlich höher kulminiert als Sirius. Schlusslichter dieser Gruppe sind Pollux, Prokyon und Aludra, der hintere Fußstern vom Großen Hund.

SELTSAME METAMORPHOSE

Darauf folgt zunächst eine Lücke, die kaum hellere Sterne enthält. Hier haben sich der Krebs und – näher zum Zenit – der Luchs versteckt. Während Letzterer erst im 17. Jahrhundert von dem Danziger Astronomen Jan Hewelius (latinisiert: Johannes Hevelius) an den Himmel entrückt wurde, gehört der Krebs zu den ganz alten Figuren des Tierkreises. Allerdings „sahen" die alten Ägypter und Babylonier an dieser Stelle des Himmels eine Schildkröte, und erst die Griechen der Antike „verwandelten" sie in einen Krebs – vielleicht deshalb, weil zu jener Zeit die Sonne in diesem Sternbild ihre höchste Mittagsstellung erreichte und anschließend im rückwärts gewandten „Krebsgang" wieder der Herbsttagundnachtgleiche und der Wintersonnenwende entgegen strebte.

VORWITZIGE WASSERSCHLANGE

Unterhalb vom Krebs deutet ein kleiner Sternbogen den Kopf der Wasserschlange an, die sich von hier ausgehend nach Südosten und dort zunächst noch unterhalb des Horizontes weiter erstreckt.
Sie enthält den einzigen Stern (gerade noch) erster Größenklasse in dieser Lücke zwischen den Wintersternbildern rechts und den Frühlingsfiguren weiter im Osten: Alphard, den „Alleinstehenden", in rund 180 Lichtjahren Entfernung.

APR — Was sich am Himmel tut

	abends	nachts	morgens	Mond-phase	Aufgang Untergang
1 Sa	●● ●			☾	14:31 05:48
2 So	●● ●			☾	15:42 06:07
3 Mo	●● ●			☾	16:53 06:22
4 Di	●● ●			☾	18:04 06:36
5 Mi	●● ●			☾	19:16 06:49
6 Do	22^h Mond 3° nordöstl. von Spica ● ●			VM	06:35 20:30 07:01
Karfreitag 7 Fr	Venus wechselt ins Sternbild Stier, 16^h Mond im absteigenden Knoten ●● ●			☾	21:47 07:15
8 Sa	●● ●			☾	23:07 07:32
Ostern 9 So	●● ●			☾	-- 07:53
Ostern 10 Mo	6^h Mond 2° westl. von Antares ●● ●			☾	00:28 08:22
11 Di	Jupiter in Konjunktion, Merkur in größter östl. Elongation (19°, **Abendsichtbarkeit**), 21^h Venus 3° südl. der Plejaden			☾	01:48 09:02
12 Mi	●● ●			☾	02:58 09:59
13 Do	● ●			LV	11:11 03:53 11:11
14 Fr	●● ●			☾	04:33 12:34
15 Sa	●● ●			☾	05:02 14:02

Merkur · Venus · Mars · Jupiter · Saturn · Mond

Was sich am Himmel tut `APR`

Datum	abends	nachts	morgens	Mondphase	Aufgang Untergang
16 So	4ʰ Mond in Erdnähe (367.967 km)			●	05:24 15:29
17 Mo				●	05:42 16:53
18 Di				●	05:57 18:16
19 Mi				●	06:11 19:39
20 Do	6ʰ Ringförmig-totale Sonnenfinsternis (bei uns nicht sichtbar), 14ʰ Mond im aufsteigenden Knoten			● NM 06:12	06:27 21:00
21 Fr				●	06:44 22:21
22 Sa	22ʰ Mond 5° östl. der Plejaden und 9° nordwestl. von Aldebaran			●	07:06 23:41
23 So	21ʰ Mond 3° östl. der Venus			●	07:35 --
24 Mo				●	08:11 00:53
25 Di				◐	09:00 01:56
26 Mi	1ʰ Mond 3° nordwestl. von Mars, 22ʰ Mond 2° südl. von Pollux			◐	09:58 02:46
27 Do				◐ EV 23:20	11:04 03:24
28 Fr	9ʰ Mond in Erdferne (404.300 km)			◐	12:14 03:51
29 Sa	22ʰ Mond 4° nördl. von Regulus			◐	13:26 04:12
30 So				◐	14:36 04:29

APR Sonne und Planeten

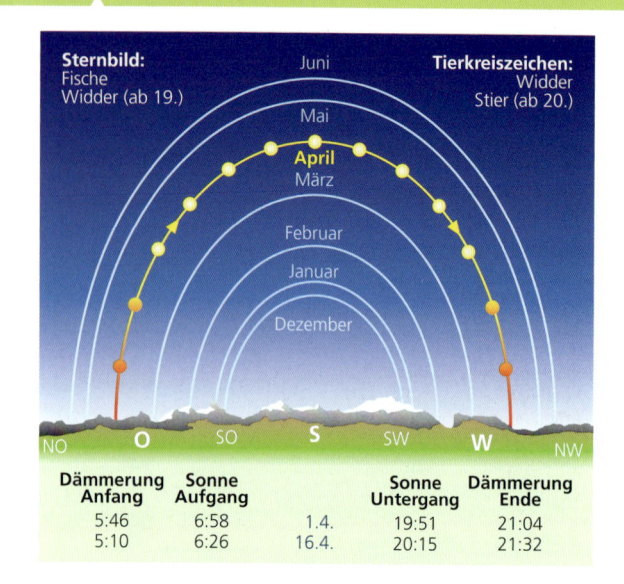

Sternbild:
Fische
Widder (ab 19.)

Tierkreiszeichen:
Widder
Stier (ab 20.)

Dämmerung Anfang	Sonne Aufgang		Sonne Untergang	Dämmerung Ende
5:46	6:58	1.4.	19:51	21:04
5:10	6:26	16.4.	20:15	21:32

Die **SONNE** wandert durch das Sternbild Fische und erreicht am 19.4. den Widder; am 20.4. wechselt sie in das Tierkreiszeichen Stier. Die Mittagshöhe nimmt von 45° auf 55° zu, die Länge des lichten Tages von 12:56 Stunden auf 14:40 Stunden.

MERKUR steht am 11.4. in größter östlicher Elongation (19°) und beschert uns bis zur Monatsmitte eine gute Abendsichtbarkeit.

VENUS zieht strahlend hell südlich der Plejaden vorbei und verlegt ihren Untergang in die Stunde nach Mitternacht.

MARS durcheilt das Sternbild Zwillinge ostwärts und erscheint weiterhin als Objekt der ersten Größenklasse.

JUPITER steht am 11.4. in Konjunktion mit der Sonne und bleibt in diesem Monat unsichtbar.

SATURN kann sich in der zweiten Monatshälfte allmählich aus dem Glanz der Sonne lösen und geht zuletzt knapp 2 Stunden vor ihr auf.

Beobachtungstipp `APR`

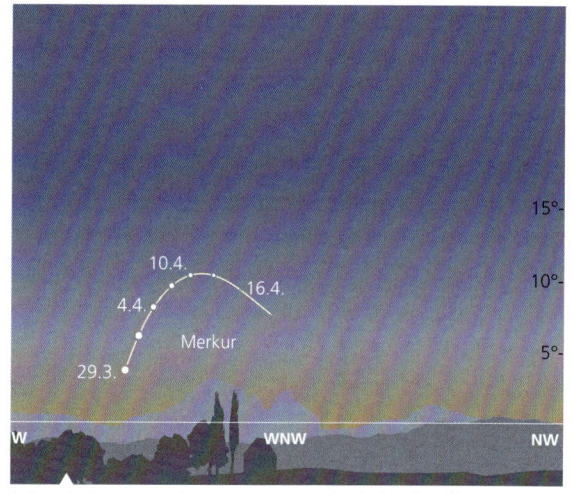

Anfang April kann man den sonnennahen Merkur in der Abenddämmerung über dem Westhorizont entdecken.

MERKUR AM ABENDHIMMEL

Der sonnennahe Merkur gehört zu den selteneren Gästen am Himmel: Er bewegt sich von uns aus gesehen so nahe an der Sonne, dass er meist von ihrem Glanz überstrahlt wird und nur zu Zeiten seines größten seitlichen Winkelabstandes in der Dämmerung sichtbar wird. Eine solche größte Elongation wird am 11. April erreicht, wenn Merkur immerhin gut 19 Grad neben der Sonne steht und erst fast zwei Stunden nach ihr untergeht.

VENUS ALS WEGWEISER

Jedoch bereits zwei Wochen vorher, Ende März, kann man über einem niedrigen Westhorizont nach Merkur Ausschau halten. Er ist dann zwar noch deutlich weiter von uns entfernt als zum Zeitpunkt der größten Elongation, wendet uns dafür aber auch einen größeren Teil seiner von der Sonne beleuchteten Oberfläche zu. Dadurch erscheint er um mehr als eine Größenklasse heller und kann sich besser gegen den hellen Dämmerungshimmel abheben als gegen Ende der Sichtbarkeitsphase Mitte April. Die deutlich hellere Venus mag die ganze Zeit über als Wegweiser dienen: Sie steht links oberhalb von Merkur, ist anfangs noch rund 25 Grad von ihm entfernt und gegen Ende der Sichtbarkeit etwa 20 Grad.

APR Sterne und Sternbilder

Sterne und Sternbilder `APR`

DER STERNHIMMEL IM APRIL

Wegen der (immer noch) nun wieder geltenden Sommerzeit verspätet sich nicht nur der Sonnenuntergang um eine Stunde, sondern auch unsere gewohnte Beobachtungszeit rutscht auf 22 Uhr MESZ zur Monatsmitte (bzw. 23 Uhr MESZ am Monatsanfang); für diesen Monat mag das noch gehen, aber ab Mai ist selbst das noch zu früh und so werden wir dann noch eine Stunde länger warten müssen, bevor man die Sternbilder am Himmel erkennen kann.

EIN HIMMLISCHER WÄCHTER

Inzwischen hat der mächtige Löwe als eine der Hauptfiguren des Frühlingshimmels den Meridian (die Nord-Süd-Linie) erreicht und teilweise schon überschritten: Zwischen etwa 50 und 65 Grad Höhe kann man jetzt die sichelförmige Sternenkette erkennen, die – ausgehend von Regulus, dem Hauptstern im Löwen – den Umriss der Brustpartie und des darauf ruhenden Löwenkopfes andeutet. Der langgestreckte Rumpf der Großkatze schließt sich nach Osten (links) an. Unbefangene Betrachter mögen in dieser Gestalt ein leicht verbogenes Plätteisen aus Großmutters Zeiten erkennen – die Babylonier des Altertums sahen darin den Löwen Chumbaba, den Wächter des Zedernwaldes, welcher den Sitz der Göttin Ishtar (das nachfolgende Sternbild Jungfrau) umgab.

DER VERKAPPTE WAGEN

Oberhalb vom Löwen erstreckt sich der Große Bär, dessen sechs hellste Sterne sich, zusammen mit einem siebten, schwächeren Lichtpunkt, zu den Umrissen des Großen Wagen zusammenfassen lassen. Während der Bär aber auf allen Vieren vorwärts über den Himmel wandert, rollt der Große Wagen gleichsam rückwärts, denn der – zoologisch nicht korrekte – lange, buschige Schwanz des Bären markiert die Wagendeichsel, also jene Stange, an der man den Wagen ziehen (oder in diesem Falle schieben) kann.

Die Darstellung des Großen Bären aus dem Sternatlas von Johann Elert Bode zeigt, wie der Große Wagen dem Bären zu seinem buschigen Schwanz verhilft.

MAI — Was sich am Himmel tut

	abends	nachts	morgens	Mond-phase	Aufgang Untergang
Maifeiertag 1 Mo	☿ ♀		♄		15:47 04:43
2 Di	Merkur in unterer Konjunktion ☿ ♀		♄		16:58 04:56
3 Mi	☿ ♀		♄		18:11 05:08
4 Do		4^h Mond 2° südl. von Spica, 24^h Mond im absteigenden Knoten	♄		19:28 05:22
5 Fr	☿ ♀	19^h Halbschatten-Mondfinsternis (bei uns unbeobachtbar)		VM 19:34 20:47 05:37
6 Sa	☿ ♀		♄		22:11 05:56
7 So		4^h Mond 7° westl. von Antares	♄		23:34 06:22
8 Mo		Venus wechselt ins Sternbild Zwillinge, 1^h Mond 6° östl. von Antares	♄		-- 06:59
9 Di		Venus durchläuft ihre nördlichste Deklination des Jahres (26°)	♄		00:49 07:52
10 Mi			♄		01:50 09:01
11 Do		0^h Mars 5° südl. von Pollux, 7^h Mond in Erdnähe (369.345 km)	♄		02:35 10:22
12 Fr	☿ ♀		♄	LV 16:28 03:07 11:48
13 Sa	☿ ♀	4^{h}30^m Mond 8° südwestl. von Saturn	♄		03:31 13:14
14 So	☿ ♀		♄		03:49 14:38
15 Mo	☿ ♀		♄		04:04 15:59

Merkur   Venus   Mars   Jupiter   Saturn   Mond

Was sich am Himmel tut — MAI

	abends	nachts	morgens	Mondphase	Aufgang Untergang
16 Di					04:18 / 17:19
17 Mi	Mars wechselt ins Sternbild Krebs, 22^h Mond im aufsteigenden Knoten				04:32 / 18:39
Himmelfahrt 18 Do	Jupiter wechselt ins Sternbild Widder, spätester Venusuntergang des Jahres (0^{h}53^m)				04:49 / 19:59
19 Fr				NM 17:35	05:09 / 21:19
20 Sa					05:34 / 22:35
21 So					06:06 / 23:43
22 Mo					06:50 / --
23 Di	23^h Mond 4° östl. der Venus				07:45 / 00:38
24 Mi	0^h Mond 3° südwestl. von Pollux, 22^{h}30^m Mond 3° nördl. von Mars				08:49 / 01:21
25 Do					09:58 / 01:53
26 Fr	4^h Mond in Erdferne (404.510 km)				11:09 / 02:16
27 Sa	1^h Mond 4° nördl. von Regulus			EV 17:22	12:19 / 02:34
Pfingsten 28 So					13:29 / 02:49
Pfingsten 29 Mo	Merkur in größter westl. Elongation (25°), 23^h Venus 4° südl. von Pollux				14:39 / 03:02
30 Di					15:50 / 03:14
31 Mi	2^h Mond 8° westl. von Spica, 22^{h}30^m Mond 5° östl. von Spica				17:04 / 03:27

MAI — Sonne und Planeten

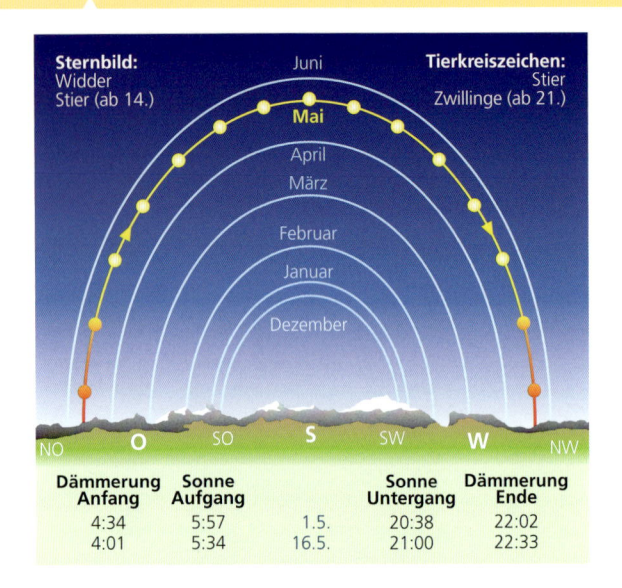

Sternbild: Widder, Stier (ab 14.)

Tierkreiszeichen: Stier, Zwillinge (ab 21.)

Dämmerung Anfang	Sonne Aufgang		Sonne Untergang	Dämmerung Ende
4:34	5:57	1.5.	20:38	22:02
4:01	5:34	16.5.	21:00	22:33

- Die **SONNE** wandert zunächst durch das Sternbild Widder und erreicht am 14.5. den Stier; am 21.5. wechselt sie in das Tierkreiszeichen Zwillinge. Die Mittagshöhe nimmt von 55° auf 62° zu, die Länge des lichten Tages entsprechend von 14:43 Stunden auf 16:04 Stunden.

- **MERKUR** durcheilt am 2.5. eine untere Konjunktion und steht bereits am 29.5. in größter westlicher Elongation, bleibt aber trotzdem unsichtbar.

- **VENUS** passiert die nördlichste Region der Ekliptik und ist glanzvoller Blickfang am nordwestlichen Abendhimmel.

- **MARS** bildet anfangs ein sich rasch veränderndes Dreieck mit Kastor und Pollux, ehe er am 17.5. in das Sternbild Krebs wechselt.

- **JUPITER** taucht nach der Konjunktion im Vormonat im letzten Monatsdrittel wieder am Morgenhimmel auf.

- **SATURN** vergrößert seinen Aufgangsvorsprung zur Sonne auf gut drei Stunden, gewinnt aber kaum an Höhe.

Beobachtungstipp [MAI]

Das Sternbild Herkules ist vor allem im Frühsommer gut am Abendhimmel zu finden.

DAS STERNBILD HERKULES

Wie viele Sternbilder des abendländischen Kulturkreises stammt auch der Herkules aus der griechischen Antike, wo er als tragischer Held verehrt wurde. Am Himmel präsentiert er sich im Wesentlichen als zwei angrenzende, unregelmäßige Vierecke, die kaum hellere Sterne enthalten und daher wenig auffällig erscheinen. Ras Algethi, der Hauptstern, gehört zur dritten Größenklasse, zeigt aber halbregelmäßige Helligkeitsschwankungen mit einer Hauptperiode von mehreren Jahren; zwei andere Sterne (β und ζ) sind heller als er (zweite Größenklasse).

KUGELSTERNHAUFEN UND DOPPELSTERN

An der rechten Seitenkante des kleineren Vierecks zeigt ein Fernglas einen kleinen Nebelfleck, hinter dem sich der Kugelsternhaufen M 13 in rund 25.000 Lichtjahren Entfernung verbirgt. In der Verlängerung der Linie δ–π über diesen hinaus trifft man in etwa der Hälfte der Entfernung zwischen beiden auf einen zweiten Nebelfleck, den Kugelsternhaufen M 92 in rund 26.000 Lichtjahren Distanz. Ebenfalls mit dem Fernglas sollte der Doppelstern κ zu trennen sein, bei dem zwei – allerdings lichtschwache – Sterne recht eng zusammenstehen. Sie bilden allerdings „nur" ein optisches Paar und sind nicht aneinander gebunden.

MAI — Sterne und Sternbilder

Sterne und Sternbilder MAI

DER STERNHIMMEL IM MAI

In den drei Monaten um die Sommersonnenwende am 21.6. geht die Sonne bei uns so spät unter, dass es erst in der letzten Stunde vor Mitternacht ausreichend dunkel wird. Deshalb müssen wir die gewohnte Beobachtungszeit noch einmal um eine Stunde verschieben und beschreiben bis einschließlich Juli den Himmel erst gegen 23 Uhr MESZ zur Monatsmitte (beziehungsweise gegen Mitternacht zum Monatsanfang).

DAS FRÜHLINGSDREIECK

Ein Blick Richtung Süden zeigt, dass der Frühling nun schon weit vorangeschritten ist: Das sogenannte Frühlingsdreieck, das von den hellen Sternen Regulus (im Löwen), Arktur (im Rinderhirten) und Spica (in der Jungfrau) gebildet wird, reicht mittlerweile schon weit über den Meridian nach Südwesten und auch der Große Wagen hat mit seinem Kasten den Zenit schon überschritten und hängt nun fast schon an der Deichsel nach Nordwesten herunter. Folgt man dem geschwungenen Bogen der Wagendeichsel in die Gegenrichtung, so trifft der Blick nach rund 30 Grad auf den orange-gelben Arktur und nach vergleichbarer Distanz weiter zum Horizont auf die bläulich-weiße Spica.

BLITZREISE DURCH DIE VERGANGENHEIT

Während fünf der sieben Sterne des Großen Wagens – darunter auch die beiden „inneren" Deichselsterne – rund 80 Lichtjahre entfernt sind und gemeinsam durch die Weiten der Milchstraße ziehen, ist Arktur mit knapp 37 Lichtjahren nur etwa halb so weit entfernt; bis Spica dagegen sind es 250 Lichtjahre. Bei diesem Schwenk schauen wir also sehr verschieden weit in die Vergangenheit zurück. Interessanterweise ist der Stern κ Virginis, der linke „Nachbarstern" von Spica (dort, wo die Sternbildlinie nach oben abknickt), rund etwa vier Lichtjahre weiter entfernt als diese. Räumlich liegen zwischen beiden Sternen also nur etwa 50 Lichtjahre, sodass κ fünfmal näher an Spica ist als wir und diese von ihm aus gesehen 25-mal heller erscheint als von der Erde aus – und damit deutlich heller als Sirius bei uns.

NICHT VERPASSEN!

Am 18. Mai geht die Venus besonders spät unter: am „Standard-Beobachtungsort" auf 10 Grad östlicher Länge und 50 Grad nördlicher Breite um 0:53 Uhr MESZ, in Aachen, der westlichsten Stadt Deutschlands, um 1:09 Uhr und in Norden (nördlich von Emden) sogar erst um 1:28 Uhr.

JUN — Was sich am Himmel tut

	abends	nachts	morgens	Mondphase	Aufgang Untergang
1 Do	8ʰ Mond im absteigenden Knoten				18:22 / 03:42
2 Fr					19:45 / 03:59
3 Sa	Venus wechselt ins Sternbild Krebs, 23ʰ Mond 1° nördl. von Antares				21:10 / 04:22
4 So	Venus in größter östlicher Elongation (45°)			VM	05:42 / 22:30 / 04:54
5 Mo					23:40 / 05:41
6 Di					-- / 06:45
7 Mi	1ʰ Mond in Erdnähe (364.860 km)				00:32 / 08:05
8 Do (Fronleichnam)					01:09 / 09:33
9 Fr					01:36 / 11:01
10 Sa	3ʰ Mond 4° südöstl. von Saturn			LV	21:31 / 01:55 / 12:26
11 So					02:11 / 13:48
12 Mo	Saturn in nördlichster Deklination des Jahres (-10,44°)				02:25 / 15:07
13 Di					02:40 / 16:26
14 Mi	2ʰ Mond im aufsteigenden Knoten, 4ʰ Mond 2° westl. von Jupiter				02:55 / 17:45
15 Do					03:13 / 19:03

Merkur · Venus · Mars · Jupiter · Saturn · Mond

Was sich am Himmel tut [JUN]

	abends	nachts	morgens	Mondphase	Aufgang Untergang
16 Fr	●	♄	♃	●	03:36 20:19
17 Sa	Saturn beginnt Oppositionsschleife, frühester Sonnenaufgang des Jahres (5ʰ10ᵐ) ♄			●	04:05 21:30
18 So	● ♂	♄	♃	●	NM 06:37 04:44 22:30
19 Mo	● ♂	♄	♃	●	05:36 23:18
20 Di	Mars wechselt ins Sternbild Löwe, 23ʰ Mond 6° südöstl. von Pollux ♂ ♄ ♃			●	06:36 23:53
Sommeranfang 21 Mi	16ʰ58ᵐ Sommersonnenwende, längster Tagbogen der Sonne, 23ʰ Mond 4° nördl. von Venus und 8° nordwestl. von Mars			●	07:44 --
22 Do	21ʰ Mond in Erdferne (405.385 km), 23ʰ Mond 4° östl. von Mars und 8° westl. von Regulus ♄ ♃			●	08:55 00:19
23 Fr	23ʰ Mond 6° östl. von Regulus ● ♄ ♃			●	10:05 00:39
24 Sa	● ♂	♄	♃	●	11:15 00:55
25 So	● ♂	♄	♃	●	12:23 01:08
26 Mo	● ♂	♄	♃	●	EV 09:50 13:33 01:21
27 Di	Venus wechselt ins Sternbild Löwe, 23ʰ Mond 2° nördl. von Spica ♂ ♄ ♃			●	14:44 01:33
28 Mi	14ʰ Mond im absteigenden Knoten ● ♄ ♃			●	15:58 01:46
29 Do	● ♂	♄	♃	●	17:17 02:01
30 Fr	● ♂	♄	♃	●	18:40 02:21

JUN Sonne und Planeten

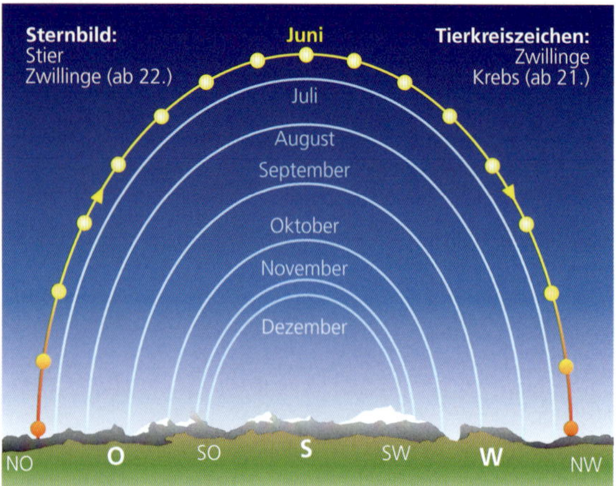

Sternbild: Stier, Zwillinge (ab 22.)
Juni
Tierkreiszeichen: Zwillinge, Krebs (ab 21.)

Dämmerung Anfang	Sonne Aufgang		Sonne Untergang	Dämmerung Ende
3:34	5:16	1.6.	21:20	23:04
3:21	5:10	16.6.	21:32	23:22

Die **SONNE** wandert zunächst durch das Sternbild Stier und erreicht am 22.6. die Zwillinge; am 21.6. wechselt sie in das Tierkreiszeichen Krebs. Die Mittagshöhe nimmt von 62° auf 63° zu, die Länge des lichten Tages entsprechend von 16:06 auf maximale 16:24 Stunden am 21.6.; danach schrumpft sie wieder auf 16:21 Stunden.

MERKUR eilt der Sonne am Taghimmel hinterher und bleibt somit den ganzen Monat hindurch unsichtbar.

VENUS erreicht zwar am 4.6. ihre größte östliche Elongation (45°), verkürzt danach aber ihre Sichtbarkeit deutlich.

MARS wechselt am 20.6. ins Sternbild Löwe und verlegt seinen Untergang in die Stunde vor Mitternacht.

JUPITER kann seinen Aufgangsvorsprung vor der Sonne auf mehr als 3 Stunden ausbauen und wird im Sternbild Widder zum Glanzpunkt am Morgenhimmel.

SATURN beginnt am 17.6. im Sternbild Wassermann seine diesjährige Oppositionsschleife.

Beobachtungstipp [JUN]

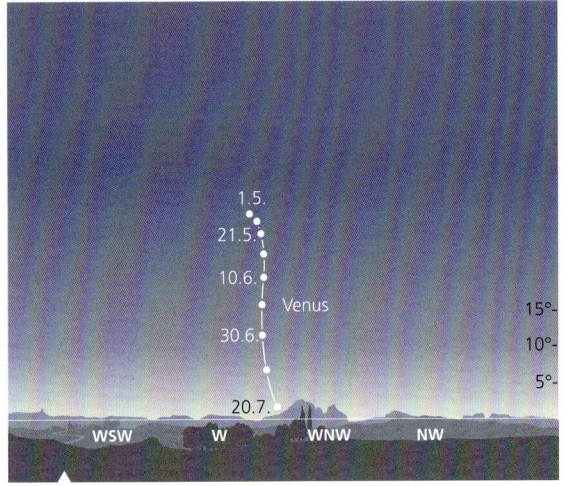

Von Mai bis Juli wird die helle Venus stets in der gleichen Richtung, aber zunehmend tiefer zum Horizont, sichtbar.

VENUS AM ABENDHIMMEL

Für Venus als inneren Planeten (mit einer Bahn innerhalb der Erdbahn) gelten wie für Merkur andere Sichtbarkeitsbedingungen als für die äußeren Planeten: Während diese gelegentlich von der Erde innen überholt werden und dann die ganze Nacht hindurch zu beobachten sind, können Merkur und Venus nur bis zu einem bestimmten Winkel seitlich von der Sonne abrücken. Entsprechend wird man Venus um Mitternacht im Süden vergeblich suchen. In diesem Jahr geht sie allerdings mehrere Wochen hindurch erst in der Stunde nach Mitternacht unter, denn sie erreicht im Juni ihren größten Winkelabstand zur Sonne (45°) und wandert zugleich durch den nördlichsten Teil der Ekliptik.

RASANTER ABSTURZ

Anschließend vollführt sie gleichsam einen Sturzflug Richtung Horizont: Östlich der Sonne gelangt sie zunehmend in „herbstliche" Bereiche der Ekliptik und verkürzt damit ihren Tagbogen rasant, sodass ihre Untergangszeit immer schneller an den Zeitpunkt des Sonnenuntergangs heranrückt. Entsprechend steht sie jeden Tag bei gleicher Dämmerungshelligkeit ein Stückweit tiefer über dem Horizont und verschwindet schließlich ganz vom Abendhimmel.

JUN — Sterne und Sternbilder

Sterne und Sternbilder JUN

DER STERNHIMMEL IM JUNI

Bis auf Kapella und die beiden Zwillingssterne Kastor und Pollux sind inzwischen alle Eckpunkte des Wintersechsecks hinter dem Horizont verschwunden und auch das Frühlingsdreieck steht in der Stunde vor Mitternacht allmählich vor der Auflösung. Dies und der späte Sonnenuntergang signalisieren deutlich, dass der kalendarische Sommer beginnen kann.

UNSCHEINBARER SKORPION

Der Blick nach Süden offenbart – ähnlich wie zum Ende des Winters – eine an hellen Sternen arme Himmelsgegend. Zwar hat der helle Arktur, orange-gelber Hauptstern im Rinderhirten Bootes, die Nord-Süd-Linie gerade erst vor einer Stunde überquert, doch bis die helle Wega in der Leier den Meridian erreicht, werden noch mehr als drei Stunden vergehen. Zuvor ist zwar noch der rötliche Antares, Hauptstern im Skorpion, an der Reihe, doch dessen Licht wird auf dem langen, weil schrägen Weg durch die Erdatmosphäre bis zu uns deutlich abgeschwächt. In äquatornahen Gebieten erweist sich das dazugehörige Sternbild Skorpion dagegen als eine der schönsten und eindrucksvollsten Figuren am Himmel, die noch dazu eine große Ähnlichkeit mit ihrer natürlichen Vorlage hat. Dort kommt dann auch der rötliche Antares voll zur Geltung.

LÜCKENFÜLLER

Ein paar unscheinbare Sternbilder sind aber auch in der Lücke zu finden, zum Beispiel die Nördliche Krone und darunter der Kopf der Schlange sowie die Waage. Letztere wurde bei den Babyloniern noch zum nachfolgenden Skorpion gezählt und markierte damals dessen große Scheren. Die Schlange dagegen gehört thematisch zur angrenzenden Figur des Schlangenträgers, mit der die alten Griechen Asklepios, ihren Gott der Heilkunst, ehren wollten. Asklepios wurde stets mit einer gebändigten Schlange dargestellt, weil er selbst gegen deren Gift ein Gegenmittel kannte.

Sternbild Skorpion

JUL — Was sich am Himmel tut

	abends	nachts	morgens	Mondphase	Aufgang Untergang
1 Sa	Merkur in ob. Konj., 1ʰ Mond 6° westl. von Antares, 22ʰ30ᵐ Venus 3,5° westl. von Mars, 23ʰ Mond 8° östl. von Antares				20:04 02:48
2 So					21:21 03:28
3 Mo	Kürzeste Vollmondnacht des Jahres (7ʰ19ᵐ)			VM 13:39	22:21 04:24
4 Di	24ʰ Mond in Erdnähe (360.151 km)				23:06 05:40
5 Mi					23:37 07:08
6 Do	21ʰ Erde in Sonnenferne: 152,1 Mio.km				23:59 08:39
7 Fr	4ʰ Mond 4° südl. von Saturn				-- 10:09
8 Sa					00:17 11:34
9 So					00:32 12:56
10 Mo				LV 03:48	00:47 14:15
11 Di	3ʰ Mond im aufsteigenden Knoten				01:02 15:35
12 Mi	3ʰ Mond 3° nordöstl. von Jupiter				01:19 16:53
13 Do	4ʰ Mond 4° südl. der Plejaden				01:40 18:09
14 Fr					02:07 19:21
15 Sa					02:42 20:24

Merkur · Venus · Mars · Jupiter · Saturn · Mond

Was sich am Himmel tut [JUL]

	abends	nachts	morgens	Mond-phase	Aufgang Untergang
16 So	○	♄	☿	●	03:29 21:15
17 Mo	○	♄	☿	●	NM 20:32 04:27 21:54
18 Di	○	♄	☿	●	05:33 22:22
19 Mi	○	♄	☿	●	06:43 22:44
20 Do	9ʰ Mond in Erdferne (406.291 km) ○	♄	☿	●	07:54 23:01
21 Fr		♄	☿	●	09:03 23:15
22 Sa		♄	☿	●	10:12 23:27
23 So		♄	☿	◐	11:20 23:39
24 Mo	22ʰ30ᵐ Mond 4° nordwestl. von Spica	♄	☿	◐	12:29 23:51
25 Di	17ʰ Mond im absteigenden Knoten	♄	☿	◐	13:41 --
26 Mi		♄	☿	◐	EV 00:07 14:56 00:05
27 Do		♄	☿	◐	16:15 00:22
28 Fr	22ʰ Mond 1° östl. von Antares	♄	☿	◐	17:37 00:45
29 Sa		♄	☿	◐	18:56 01:17
30 So		♄	☿	◐	20:05 02:04
31 Mo		♄	☿	◐	20:57 03:10

JUL — Sonne und Planeten

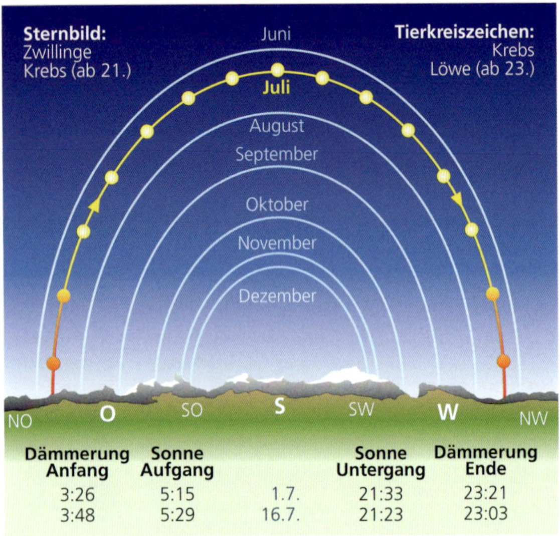

Sternbild: Zwillinge, Krebs (ab 21.)
Tierkreiszeichen: Krebs, Löwe (ab 23.)

Monatsbögen: Juni, Juli, August, September, Oktober, November, Dezember

Dämmerung Anfang	Sonne Aufgang		Sonne Untergang	Dämmerung Ende
3:26	5:15	1.7.	21:33	23:21
3:48	5:29	16.7.	21:23	23:03

○ Die **SONNE** wandert zunächst durch das Sternbild Zwillinge und erreicht am 21.7. den Krebs; am 23.7. wechselt sie in das Tierkreiszeichen Löwe. Die Mittagshöhe nimmt von 63° auf 58° ab, die Länge des lichten Tages entsprechend von 16:20 Stunden auf 15:19 Stunden.

○ **MERKUR** zieht am 1.7. jenseits der Sonne vorbei und bleibt auch in diesem Monat unsichtbar mit ihr am Taghimmel.

○ **VENUS** zieht sich nun sehr schnell vom Abendhimmel zurück und ist dort in den letzten 10 Tagen des Monats nicht mehr zu finden.

○ **MARS** zieht sich vom Abendhimmel zurück und geht zum Monatsende bereits 80 Minuten nach der Sonne unter.

○ **JUPITER** rückt bis auf 85° von der Sonne ab und verlegt seinen Aufgang in die Stunde nach Mitternacht.

○ **SATURN** bewegt sich langsam westwärts durch das Sternbild Wassermann, wo er als Objekt der nullten Größe leicht zu finden ist.

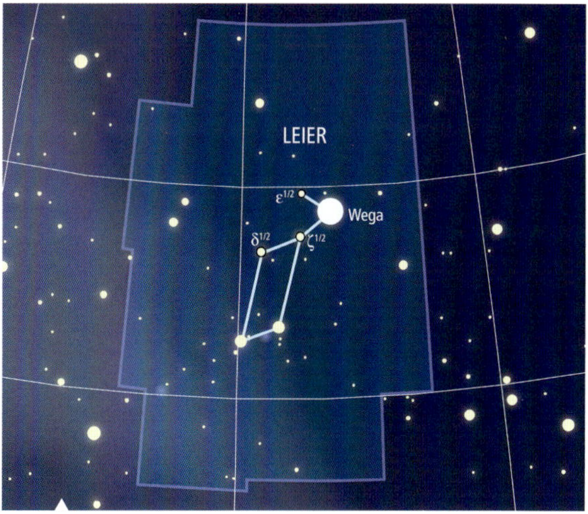

Beobachtungstipp [JUL]

Das Sternbild Leier enthält mehrere Doppelsterne, die mit dem bloßen Auge oder im Fernglas zu erkennen sind.

DAS STERNBILD LEIER

Die Leier gehört zu den kleineren Sternbildern am Himmel, enthält dafür aber den hellsten Stern nördlich des Himmelsäquators: die helle Wega in rund 25 Lichtjahren Entfernung. Da sich diese mit rund 20 km/s auf uns zu bewegt, wird sie in gut 200.000 Jahren zum hellsten Stern am gesamten Himmel „aufsteigen" und dies für mehr als 250.000 Jahre bleiben. Wegen ihrer im Vergleich zur Sonne größeren Masse wird Wegas Lebenserwartung mit rund einer Milliarde Jahren angegeben, von denen etwa die Hälfte bereits vergangen sind.

REIZVOLLE DOPPELSTERNE

Schon mit bloßem Auge findet man im Sternbild Leier zwei interessante Doppel-/Mehrfachsysteme. Im Falle von $\varepsilon_1/\varepsilon_2$, gut 1,5 Grad nordwestlich von Wega, stehen zwei etwa gleich helle Sterne der fünften Größenklasse in rund 3,5 Bogenminuten Distanz; falls das bloße Auge nicht reicht, hilft ein Fernglas bei der „Trennung". Etwa dreimal so weit erscheinen die beiden Sterne δ_1/δ_2 auseinander, doch sie bilden lediglich ein „optisches Paar", denn sie stehen in ganz unterschiedlichen Entfernungen zu uns. Dagegen braucht man für ζ_1/ζ_2 mit 0,6 Bogenminuten Distanz auf jeden Fall ein Fernglas

JUL Sterne und Sternbilder

Sterne und Sternbilder [JUL]

DER STERNHIMMEL IM JULI

Zwar nimmt die Mittagshöhe der Sonne in diesem Monat um rund fünf Grad und damit die Länge des lichten Tages um etwa eine Stunde ab, aber noch endet die Abenddämmerung für weite Teile des Landes erst in der letzten Stunde vor Mitternacht, sodass wir auch im Juli erst dann die Sternbilder am Himmel wirklich finden können.

UNGLEICH VERTEILT

Auf jeden Fall gilt dies für die zumeist eher lichtschwachen Sterne, die dann im Umfeld der Nord-Süd-Linie gerade ihre Höchststellung erreichen. Weder Herkules und Schlangenträger am Südhimmel noch der Drache zwischen Zenit und Polarstern enthalten auch nur einen Stern der ersten Größenklasse oder heller und zusammen gerade einmal zehn Sterne der zweiten Größe. Wären die Sterne aller Größenklassen annähernd gleichmäßig verteilt, sollten zu den zehn Sternen der zweiten Größenklasse noch vier der ersten Größe dazu kommen.

DOPPELKOPF

Herkules und Schlangenträger sind zwei sehr alte Figuren, die schon den Sternhimmel der Babylonier zierten – wenn auch unter anderen Namen. Dort standen sie für Gilgamesch und seinen Freund Enkidu, die Kopf an Kopf über den Himmel ziehen. Unser heutiger Herkules steht also kopfüber! Den „Kopfstern" des Schlangenträgers (Ras Alhague, Kopf des Riesen) findet man als hellsten Stern auf der Verbindungslinie zwischen Antares im Skorpion und Wega in der Leier, etwa drei Fünftel der Strecke nach oben. Rund fünf Grad rechts oberhalb davon steht Ras Algethi (Kopf des Knieenden), der „Kopfstern" des Herkules, als Stern der dritten Größenklasse.

DRACHENPUNKTE

Wenn Herkules kopfüber am Himmel dargestellt ist, dann steht er mit einem seiner Füße auf dem Kopf des Drachen. Mit diesem ist Ladon gemeint, der die goldenen Äpfel der Hesperiden bewachte, aber von Herakles bezwungen und daraufhin von Zeus an den Himmel entrückt wurde. Sein Kopf wird durch ein kleines Sternviereck umrissen, von dem aus sich der lange Körper (außerhalb der Karte) in weitem Bogen um den Polarstern windet. In diesem Sternbild befindet sich der Pol der Ekliptik genau senkrecht über der Erdbahnebene. Und weil der Mond für eine Finsternis möglichst nahe an der Ekliptik stehen muss, werden die Schnittpunkte zwischen Ekliptik und Mondbahn auch Drachenpunkte genannt.

AUG — Was sich am Himmel tut

	abends	nachts	morgens	Mond-phase	Aufgang Untergang
Schweizer Bundesfeier **1 Di**		🪐	☿		VM 20:31 21:34 04:33
2 Mi	8ʰ Mond in Erdnähe (357.311 km)	🪐	☿		22:01 06:06
3 Do	5ʰ Mond 7° südwestl. von Saturn, 23ʰ Mond 7° östl. von Saturn,				22:20 07:40
4 Fr		🪐	☿		22:37 09:10
5 Sa		🪐	☿		22:52 10:36
6 So		🪐	☿		23:07 12:00
7 Mo	5ʰ Mond im aufsteigenden Knoten				23:24 13:21
8 Di	5ʰ Mond 3° westl. von Jupiter	🪐	☿		LV 12:28 23:44 14:41
9 Mi	1ʰ Mond 9° nordöstl. von Jupiter, 5ʰ Mond 6° südwestl. der Plejaden				-- 16:00
10 Do	Merkur in größter östl. Elongation (27°) und Sonnenferne, 2ʰ Mond 6° östl. Plejaden, 5ʰ Mond 8° nördl. von Aldebaran				00:08 17:14
11 Fr		🪐	☿		00:41 18:19
12 Sa		🪐	☿		01:25 19:14
13 So	Perseiden-Meteorstrom im Maximum (vormittags), Venus in unterer Konjunktion ☿				02:19 19:56
14 Mo	Venus wechselt ins Sternbild Krebs	🪐	☿		03:24 20:27
Liechtenstein. Staatsfeiertag **15 Di**		🪐	☿		04:32 20:50

Merkur — Venus — Mars — Jupiter — Saturn — Mond

Was sich am Himmel tut — AUG

	abends	nachts	morgens	Mondphase	Aufgang Untergang
16 Mi	14ʰ Mond in größter Erdferne (406.635 km)			NM	11:38 05:44 21:08
17 Do	Mars wechselt ins Sternbild Jungfrau				06:54 21:22
18 Fr					08:03 21:35
19 Sa					09:11 21:47
20 So					10:19 21:58
21 Mo	18ʰ Mond im absteigenden Knoten				11:30 22:11
22 Di					12:42 22:26
23 Mi					13:59 22:46
24 Do	22ʰ Mond 4° westl. von Antares			EV	11:57 15:18 23:13
25 Fr					16:36 23:52
26 Sa					17:48 --
27 So	Saturn in Opposition zur Sonne				18:46 00:47
28 Mo					19:29 02:01
29 Di					20:00 03:29
30 Mi	18ʰ Mond in Erdnähe (357.182 km), 22ʰ Mond 3° südl. von Saturn				20:22 05:03
31 Do	Größter Vollmond des Jahres			VM	03:35 20:40 06:35

AUG Sonne und Planeten

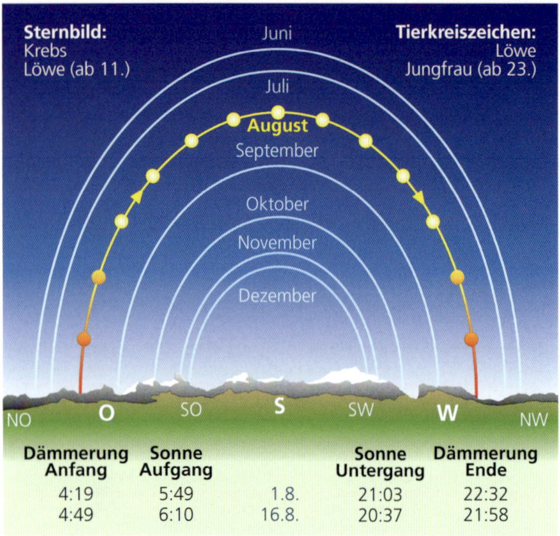

Sternbild: Krebs, Löwe (ab 11.)
Tierkreiszeichen: Löwe, Jungfrau (ab 23.)

Monate im Bogen: Juni, Juli, **August**, September, Oktober, November, Dezember

Horizont: NO – O – SO – S – SW – W – NW

Dämmerung Anfang	Sonne Aufgang		Sonne Untergang	Dämmerung Ende
4:19	5:49	1.8.	21:03	22:32
4:49	6:10	16.8.	20:37	21:58

Die **SONNE** wandert zunächst durch das Sternbild Krebs und erreicht am 11.8. den Löwen; am 23.8. wechselt sie in das Tierkreiszeichen Jungfrau. Die Mittagshöhe nimmt von 58° auf 49° ab, die Länge des lichten Tages entsprechend von 15:16 Stunden auf 13:36 Stunden.

MERKUR steht zwar am 10.8. in größter östlicher Elongation, kann sich aber am Abendhimmel nicht gegen den Glanz der Sonne durchsetzen.

VENUS steht am 13.8. in unterer Konjunktion, taucht aber zum Monatsende schon wieder am Morgenhimmel auf.

Mars ist endgültig im Glanz der Sonne verschwunden und hat sich für den Rest des Jahres verabschiedet.

JUPITER verlangsamt seine ostwärts gerichtete Bewegung durch das Sternbild Widder und geht zuletzt deutlich vor Mitternacht auf.

SATURN erreicht am 27.8. seine Opposition und ist die ganze Nacht im Sternbild Wassermann zu beobachten.

Beobachtungstipp   AUG

Der Ringplanet Saturn, aufgenommen vom Hubble-Weltraumteleskop, steht im August in Opposition zur Sonne.

SATURN IN OPPOSITION

Lange Zeit hindurch galt Saturn als der Planet am Rande des Sonnensystems. Da er als solcher am längsten für einen Umlauf um die Sonne braucht, bewegt er sich am langsamsten durch die Tierkreis-Sternbilder. Kein Wunder also, dass er in der Antike gerne als „Stammvater" der Götterfamilie angesehen wurde. Wenn er fast 30 Jahre für einen Sonnenumlauf benötigt, muss ihn die Erde in dieser Zeit 29 Mal auf ihrer Innenbahn überholen und so folgen diese Überholmanöver im Schnitt nach jeweils rund 378 Tagen aufeinander (synodische Umlaufzeit).

FINDEN SIE TITAN!

In diesem Jahr steht Saturn der Sonne am 27.8. gegenüber und ist dann für eine bis zwei Wochen die ganze Nacht hindurch zu beobachten. Er zieht seine Bahn durch das Sternbild Wassermann, wo er als Objekt der nullten Größenklasse in weitem Umkreis als das hellste Gestirn erscheint und somit leicht zu identifizieren ist. Mit einem Fernglas kann man zwar nicht die Ringe erkennen, wohl aber eine leicht längliche Form – und dazu den größten Saturnmond Titan, sofern dieser gerade seinen größten Winkelabstand (3 Bogenminuten) zu Saturn erreicht, was am 28.8. (plus/minus jeweils 8 Tage) der Fall ist.

AUG Sterne und Sternbilder

Sterne und Sternbilder [AUG]

DER STERNHIMMEL IM AUGUST

Mitten im Hochsommer können wir wieder zu „zivileren" Beobachtungszeiten zurückkehren und das heißt, dass die Karte jetzt den Himmelsanblick in südlicher Richtung zur Monatsmitte für 22 Uhr MESZ zeigt (am Monatsanfang noch erst eine Stunde später). Damit übernehmen jetzt die typischen Sommersternbilder die beherrschende Rolle, auch, wenn sie ihre Höchststellung im Süden noch nicht erreicht haben.

DAS SOMMERDREIECK

Immerhin findet der Betrachter nun wieder einige hellere Sterne, von denen sich drei zum sogenannten Sommerdreieck gruppieren lassen: Wega im Sternbild Leier hoch oben kurz vor dem Meridian, Atair (im Adler) halbhoch im Südosten und Deneb (im Schwan) im Osten, nicht ganz so hoch wie Wega. Dieses Sommerdreieck ist wesentlich kompakter als das Frühlingsdreieck aus Regulus, Arktur und Spica – und erscheint darüber hinaus an einem dunklen Beobachtungsort ohne störende Stadtlichter eingebettet in das schwach schimmernde Band der Sommermilchstraße.

EIN SELTENER STERNTYP

Von diesen drei Sternen erscheint Deneb, der Schwanzstern im Schwan, als der lichtschwächste. Er ist von allen dreien aber auch am weitesten entfernt: nach neueren Messungen mehr als 1400 Lichtjahre, sodass er in Wirklichkeit mehr als 5000-mal heller als Wega und fast 18.000-mal so hell wie Atair leuchtet. Deneb gehört zu den wenigen bekannten LBV-Sternen in der Milchstraße, den leuchtkräftigen **b**lauen **v**eränderlichen Sternen, die nur eine kurze Phase im ohnehin kurzen Leben eines massereichen Sterns darstellen.

DAS ZENTRUM DER MILCHSTRASSE

Tief im Süden ragt der nördliche Teil des Sternbilds Schütze über den Horizont. Seine bei uns sichtbaren Sterne lassen sich zu den Umrissen einer Teekanne zusammenfassen – mit dem Henkel links und der Ausgusstülle rechts. Verlängert man die Verbindung von Ascella über Al Nasl etwa um die gleiche Strecke nach rechts, so blickt man in die Richtung, in der sich in rund 26.000 Lichtjahren Entfernung das Zentrum der Milchstraße hinter dichten, vorgelagerten Staubwolken verbirgt. Dort „lauert" das zentrale Schwarze Loch, das rund 4,6 Millionen Sonnenmassen enthält, auf Gaswolken oder ganze Sterne, die ihm zu nahe kommen und verschluckt werden können.

SEP — Was sich am Himmel tut

	abends	nachts	morgens	Mondphase	Aufgang Untergang
1 Fr		Saturn, Jupiter			20:56 / 08:06
2 Sa	Jupiter in nördlichster Deklination des Jahres (15,14°)				21:11 / 09:33
3 So	10ʰ Mond im aufsteigenden Knoten				21:28 / 10:58
4 Mo	Jupiter beginnt Oppositionsschleife, 23ʰ Mond 3° nördl. von Jupiter				21:46 / 12:22
5 Di	23ʰ Mond 2° südl. der Plejaden				22:09 / 13:44
6 Mi	Merkur in unterer Konjunktion				22:40 / 15:02
7 Do				LV 00:21	23:20 / 16:13
8 Fr					-- / 17:12
9 Sa					00:12 / 17:57
10 So	5ʰ Mond 2° südl. von Pollux				01:14 / 18:31
11 Mo					02:21 / 18:56
12 Di	18ʰ Mond in Erdferne (406.289 km)				03:33 / 19:15
13 Mi					04:43 / 19:31
14 Do					05:53 / 19:43
15 Fr				NM 03:40	07:02 / 19:55

Merkur · Venus · Mars · Jupiter · Saturn · Mond

Was sich am Himmel tut [SEP]

	abends	nachts	morgens	Mond-phase	Aufgang Untergang
16 Sa		🪐 🌍	○○	●	08:11 20:06
17 So	21ʰ Mond im absteigenden Knoten 🪐 🌍 ○○			●	09:21 20:19
18 Mo		🪐 🌍	○○	◐	10:33 20:33
19 Di		🪐 🌍	○○	●	11:48 20:51
20 Mi		🪐 🌍	○○	◐	13:05 21:14
21 Do	20ʰ Mond 5° östl. von Antares 🪐 🌍 ○○			◐	14:23 21:48
22 Fr	Merkur in größter westlicher Elongation (18°), **Morgensichtbarkeit** 🪐 🌍 ○○			◑	EV 21:32 15:37 22:35
Herbstanfang 23 Sa	8ʰ50ᵐ Sonne im Herbstpunkt, Herbst-Tagundnachtgleiche 🪐 🌍 ○○			◑	16:38 23:40
24 So		🪐 🌍	○○	◑	17:25 --
25 Mo	Venus wechselt ins Sternbild Löwe 🪐 🌍 ○○			◑	17:59 01:00
26 Di		🪐 🌍	○○	◑	18:24 02:29
27 Mi	3ʰ Mond 4° südl. von Saturn 🪐 🌍 ○○			○	18:43 04:00
28 Do	Mond in Erdnähe (359.911 km) 🪐 🌍 ○○			○	19:00 05:31
29 Fr		🪐 🌍	○○	○	VM 11:57 19:15 06:59
30 Sa	19ʰ Mond im aufsteigenden Knoten 🪐 🌍 ○○			○	19:31 08:26

Sonne und Planeten

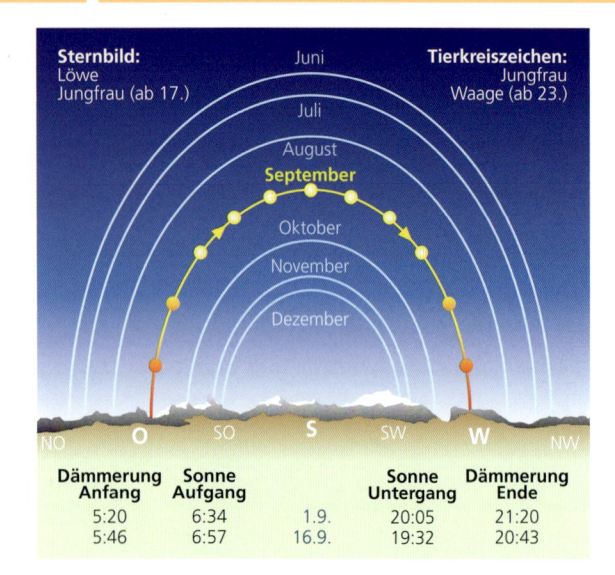

Sternbild: Löwe, Jungfrau (ab 17.)

Tierkreiszeichen: Jungfrau, Waage (ab 23.)

Dämmerung Anfang	Sonne Aufgang		Sonne Untergang	Dämmerung Ende
5:20	6:34	1.9.	20:05	21:20
5:46	6:57	16.9.	19:32	20:43

- Die **SONNE** wandert durch das Sternbild Löwe und erreicht am 17.9. die Jungfrau; am 23.9. wechselt sie in das Tierkreiszeichen Waage. Die Mittagshöhe nimmt von 48° auf 37° ab, die Länge des lichten Tages von 13:32 Stunden auf 11:45 Stunden.

- **MERKUR** steht am 22.9. in größter westlicher Elongation (22°) und ist in der zweiten Monatshälfte bis in den Oktober hinein am Morgenhimmel zu finden.

- **VENUS** kann ihren Aufgangsvorsprung zur Sonne rasch auf zuletzt fast 4 Stunden ausbauen.

- **MARS** steht zuletzt nur noch 15° östlich der Sonne und damit unsichtbar neben ihr am Taghimmel.

- **JUPITER** beginnt am 3.9. mit seiner diesjährigen Oppositionsschleife, die ihn wieder westwärts durch das Sternbild Widder führt.

- **SATURN** läuft im Zuge seiner Oppositionsschleife weiter langsam westwärts durch das Sternbild Wassermann.

Beobachtungstipp `SEP`

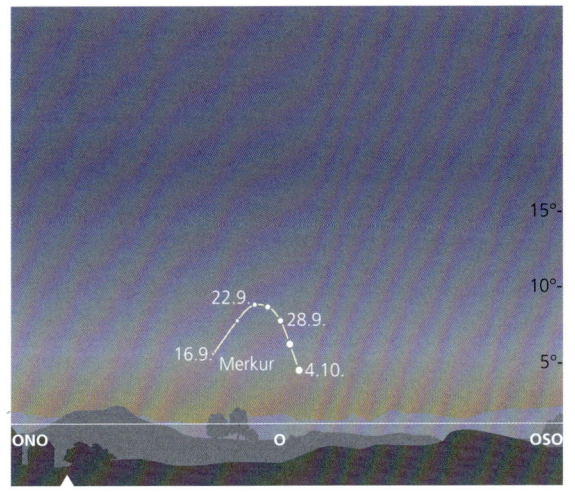

In der zweiten Septemberhälfte taucht der sonnennahe Merkur in der Morgendämmerung über dem Osthorizont auf.

MERKUR AM MORGENHIMMEL

Nach einer unteren Konjunktion am 6.9., bei der Merkur die Erde auf der Innenbahn überholt, entfernt sich der flinke Planet rasch westwärts von der Sonne und taucht ab Mitte des Monats über einem flachen Osthorizont auf – zunächst noch recht lichtschwach, dann aber immer heller werdend. Zwar wird die größte Elongation bereits am 22.9. erreicht, aber die Sichtbarkeitsbedingungen verbessern sich zunächst noch weiter, weil die zunehmende Helligkeit ein längeres Verfolgen des Planeten am morgendlichen Dämmerungshimmel erlaubt. Erst nach dem 5.10. wird das Auffinden schwierig.

SUCHHILFEN

Die helle Venus steht – wie im Frühjahr – rund 25 Grad entfernt, diesmal aber rechts oberhalb. Als weitere Aufsuchhilfe kann anfangs auch Regulus, der Hauptstern im Löwen, dienen, der rund 10 Grad rechts oberhalb von Merkur leuchtet. Weil Merkur nach der größten Elongation aber allmählich wieder näher an die Sonne heranrückt und entsprechend ostwärts weiterzieht, wächst sein Abstand zu diesem Fixstern bis Anfang Oktober deutlich. Dagegen kann die Venus aufgrund ihrer ebenfalls ostwärts gerichteten Bewegung mit Merkur nahezu Schritt halten.

SEP Sterne und Sternbilder

Sterne und Sternbilder SEP

DER STERNHIMMEL IM SEPTEMBER

Kurz vor dem Ende des kalendarischen Sommers (bei den Meteorologen zählt der September schon ganz zum Herbst) schafft es das Sommerdreieck noch, zur gewohnten Beobachtungszeit den Meridian nahezu vollständig zu überqueren. Lediglich Deneb, der Hauptstern im Schwan, braucht er auch nur auf die eine halbe Stunde, ehe auch er auf die Westseite des Himmels wechselt.

ZEUS INKOGNITO

Deneb markiert gleichsam den Stummelschwanz des Schwans, der – gut zu erkennen – mit ausgebreiteten Schwingen von der Nord-Süd-Linie aus entlang der Milchstraße nach Südwesten segelt. Manche sehen in ihm zusammen mit dem Adler und der Leier, die ursprünglich als ein Geier angesehen wurde, ein himmlisches Denkmal für die Stymphalischen Vögel, deren Vertreibung oder Beseitigung zu den zwölf Aufgaben des Herakles gehörte. Andere vermuten, dass der Schwan an die vom Götterboss Zeus oft genutzte eigene Tarnung zur Verführung schöner irdischer Frauen erinnert.

DOCH NICHT VEREINT?

Albireo, der Kopfstern des Schwans vorne an der Spitze des lang gestreckten Halses, präsentiert sich im Fernglas als enges Paar zweier Sterne mit unterschiedlichen Farben: Der hellere von beiden erscheint orange-gelb, der dunklere bläulich. Lange Zeit galten die beiden als physisches Paar, das sich gegenseitig umrundet. Parallaxenmessungen mit dem Astrometriesatelliten Gaia deuten allerdings darauf hin, dass der bläuliche „Begleiter" rund 60 Lichtjahre weiter entfernt ist als der orange-gelbe „Hauptstern". Darüber hinaus bewegen sich beide mit recht unterschiedlichen Geschwindigkeiten, was ebenfalls für ein lediglich optisches Sternpaar spricht.

EIN OPTISCHES PAAR

Ein optische Doppelstern mit großem Abstand zwischen den Komponenten ist auch Algedi, der Hauptstern im Steinbock, der jetzt links unterhalb von Atair, der urteren Spitze des Sommerdreiecks, den Meridian überquert. Dort findet man schon mit bloßem Auge etwa sechs Bogenminuten (oder 1/5 Vollmonddurchmesser) neben dem helleren „Hauptstern" der dritten Größe einen etwas dunkleren „Nebenstern", der allerdings mehr als sechsmal so weit von uns entfernt ist; stünden beide in gleichem Abstand zur Erde, wäre dieser Nebenstern mehr als drei Größenklassen (und damit deutlich) heller als der Hauptstern.

OKT — Was sich am Himmel tut

	abends	nachts	morgens	Mond-phase	Aufgang Untergang
1 So		♄ ♃	● ○		19:48 09:53
2 Mo	6ʰ Mond 3° nördl. von Jupiter	♄ ♃	● ○		20:09 11:18
3 Di — Tag der dtsch. Einheit	6ʰ Mond 2° südwestl. der Plejaden	♄ ♃	● ○		20:37 12:41
4 Mi	4ʰ Mond 9° nördl. von Aldebaran	♄ ♃	● ○		21:14 13:58
5 Do		♄ ♃	● ○		22:02 15:04
6 Fr	7ʰ Höchste Kulmination des Mondes (67,9°)	♄ ♃	●		LV 15:48 23:01 15:55
7 Sa	5ʰ Mond 4° westl. von Pollux	♄ ♃	●		-- 16:33
8 So	1ʰ Mond 7° östl. von Pollux	♄ ♃	●		00:08 17:01
9 Mo		♄ ♃	●		01:19 17:22
10 Di	6ʰ Venus 2° südl. von Regulus, Mond in Erdferne (405.426 km), 6° nördl. von Regulus und 7° nördl. von Venus				02:30 17:38
11 Mi		♄ ♃	●		03:41 17:52
12 Do		♄ ♃	●		04:50 18:03
13 Fr		♄ ♃	●		05:59 18:15
14 Sa	20ʰ Ringförmige Sonnenfinsternis (bei uns nicht sichtbar)				NM 19:55 07:09 18:27
15 So	3ʰ Mond im absteigenden Knoten				08:21 18:40

Merkur · Venus · Mars · Jupiter · Saturn · Mond

Was sich am Himmel tut — OKT

	abends	nachts	morgens	Mondphase	Aufgang Untergang
16 Mo		Saturn	Jupiter	●	09:37 18:57
17 Di		Saturn	Jupiter	●	10:54 19:19
18 Mi		Saturn	Jupiter	●	12:13 19:49
19 Do		Saturn	Jupiter	●	13:29 20:31
20 Fr	Merkur in oberer Konjunktion			◐	14:33 21:30
		Saturn	Jupiter		
21 Sa		Saturn	Jupiter	◐	15:24 22:43
22 So		Saturn	Jupiter	◐	EV 05:29 16:01 --
23 Mo	Venus in größter westl. Elongation (46°)			◐	16:27 00:07
		Saturn	Jupiter		
24 Di	Mars wechselt ins Sternbild Waage, 0ʰ Mond 9° südwestl. von Saturn, 19ʰ Mond 6° östl. von Saturn			◐	16:48 01:36
25 Mi		Saturn	Jupiter	◐	17:05 03:03
Österreich. Nationalfeiert. 26 Do	5ʰ Mond in Erdnähe (364.873 km)			◐	17:20 04:29
		Saturn	Jupiter		
27 Fr		Saturn	Jupiter	◯	17:34 05:55
28 Sa	5ʰ Mond im aufsteigenden Knoten, 22ʰ **Partielle Mondfinsternis**			VM 22:24	17:51 07:21
		Saturn	Jupiter		
29 So	3ʰ Ende der Sommerzeit (3ʰ MESZ = 2ʰ MEZ), 6ʰ Mond 3° nordwestl. von Jupiter, 18ʰ Mond 7° nordöstl. von Jupiter			◯	17:10 07:47
30 Mo	20ʰ Mond 2° südöstl. der Plejaden			◯	17:34 09:12
		Saturn	Jupiter		
Reformationstag 31 Di	6ʰ Mond 9° nördl. von Aldebaran			◐	18:07 10:34
		Saturn	Jupiter		

75

Sonne und Planeten

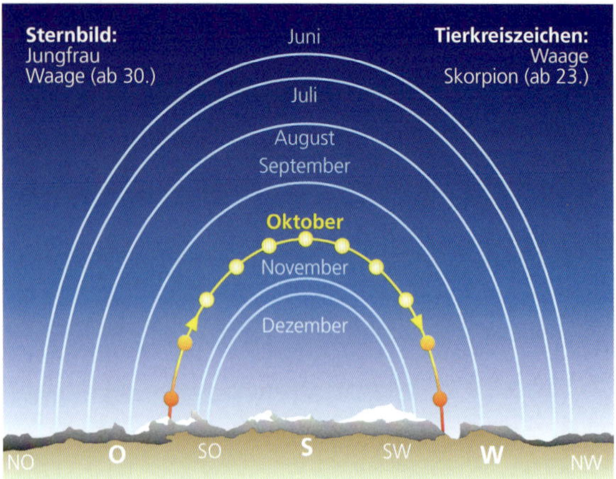

Sternbild: Jungfrau, Waage (ab 30.)

Tierkreiszeichen: Waage, Skorpion (ab 23.)

Dämmerung Anfang	Sonne Aufgang		Sonne Untergang	Dämmerung Ende
6:10	7:19	1.10.	18:59	20:09
6:33	7:43	16.10.	18:28	19:37

Die **SONNE** wandert zunächst durch die Jungfrau und erreicht am 30.10. die Waage; bereits am 23.10. wechselt sie in das Tierkreiszeichen Skorpion. Die Mittagshöhe nimmt von 37° auf 26° ab, die Länge des lichten Tages entsprechend von 11:41 Stunden auf 9:53 Stunden.

MERKUR kann anfangs noch am Morgenhimmel erspäht werden, verschwindet aber bald im Glanz der Sonne und steht am 20.10. in Konjunktion.

VENUS erreicht am 23.10. ihre größte westliche Elongation (46°) und dominiert den Morgenhimmel.

MARS wird zunehmend von der Sonne eingeholt und bleibt weiterhin unsichtbar am Taghimmel.

JUPITER nähert sich seiner Oppositionsstellung und ist nun fast die ganze Nacht über zu beobachten.

SATURN verlegt seinen Untergang in die Stunde nach Mitternacht, zieht sich also aus der zweiten Nachthälfte zurück und tritt zuletzt fast auf der Stelle.

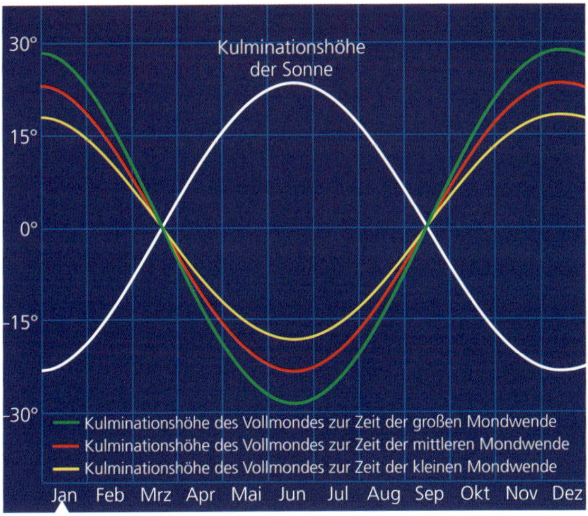

Beobachtungstipp `OKT`

Durch die Neigung der Mondbahn kann der Vollmond auch höher oder tiefer am Himmel stehen als die Sonne ein halbes Jahr früher oder später.

DIE HÖCHSTE KULMINATION DES MONDES
Die Bahn des Mondes wird zwar vereinfacht als Ellipse bezeichnet, erweist sich aber bei genauerem Hinsehen als äußerst komplex und nicht wirklich „in sich geschlossen", denn der Erdtrabant kommt nach einem Umlauf keineswegs wieder am Ausgangspunkt an. Dies bleibt aufmerksamen Beobachtern natürlich nicht verborgen und so wussten schon die Sternkundigen der frühen Hochkulturen, dass zum Beispiel der Vollmond, der ja der Sonne am Himmel gegenüber steht, nicht automatisch dort auf- und untergeht, wo die Sonne ein halbes Jahr früher (oder später) auftaucht oder verschwindet.

JÄHRLICH WECHSELNDE WERTE
Dies liegt daran, dass die Mondbahn um gut 5 Grad gegen die Ekliptik geneigt ist und darüber hinaus relativ zur Ekliptik „eiert". So kommt es, dass der Mond mal gut 5 Grad nördlich der Ekliptik steht, einen halben Monat später entsprechend südlich der Ekliptik. Und weil der Schnittpunkt zwischen Mondbahn und Ekliptik sich eben langsam, aber stetig verschiebt, driften auch diese maximalen Auslenkungspunkte, die jedes Jahr zu entsprechend anderen Höchst- oder Tiefstkulminationen (Südstellungen) führen.

OKT Sterne und Sternbilder

Sterne und Sternbilder `OKT`

DER STERNHIMMEL IM OKTOBER

Am abendlichen Sternhimmel zeichnet sich zur gewohnten Beobachtungszeit ein deutlicher Wechsel ab: Gegen 22 Uhr zur Monatsmitte (am Monatsanfang eine Stunde später) haben sich die Sommersternbilder auf die Westhälfte des Himmels zurückgezogen, während im Südosten die typischen Herbstfiguren aufgezogen sind, allen voran das markante Herbstviereck, das neben den Sternen des Pegasus auch einen Stern der Andromeda einschließt, sowie der weniger auffällige Wassermann.

KOPFÜBER

In der griechischen Mythologie ist Pegasus ein geflügeltes Ross, das ursprünglich von Bellerophon, einem tragischen Helden, gezähmt wurde. Als dieser später übermütig wurde und mit Pegasus zum Olymp fliegen wollte, sorgten die Götter dafür, dass der Reiter abgeworfen wurde. Vielleicht sieht man Pegasus deshalb kopfüber am Himmel entlang ziehen: Die Vorderläufe setzen oben rechts am viereckig-massiven Rumpf des Pferdes an, links oben überlagert die Andromeda die Hinterläufe des Pferdes und nach rechts unten kann man den Hals und den länglichen Schädel des Pferdes erkennen, der bis zu Enif (arabisch für Nase, Nüstern), dem hellsten Stern des Pegasus, reicht.

FEUCHTGEBIETE

Pegasus galt übrigens als „Kind" des Meeresgottes Poseidon, der allerdings nichts mit dem nahen Sternbild Wassermann zu tun hat. Der versorgt vielmehr die nachfolgenden himmlischen Feuchtgebiete mit dem notwendigen Nass, in dem sich gleich mehrere Fische tummeln: der Südliche Fisch mit Fomalhaut als Hauptstern der ersten Größenklasse, die beiden Fische des gleichnamigen Ekliptiksternbildes und links darunter der Walfisch als neuzeitliche Umschreibung des Meeresungeheuers Ketos, das zum Sagenkreis um Andromeda und Perseus gehört.

NICHT VERPASSEN!

Am Abend des 28.10. wandert der Vollmond mit seinem südlichen Rand zwischen 21:35 Uhr und 22:53 Uhr MESZ durch den Kernschatten der Erde, was als „kleine" partielle Mondfinsternis beobachtet werden kann. Da in dieser Nacht ein paar Stunden später die Sommerzeit endet, lässt sich ein – möglicherweise ungewohntes – langes Aufbleiben auch für „Ungeübte" leichter verkraften. Auf die nächste totale Mondfinsternis bei uns muss man allerdings noch bis zum 26. Juni 2029 warten.

NOV — Was sich am Himmel tut

	abends	nachts	morgens	Mond-phase	Aufgang Untergang
Allerheiligen 1 Mi	Venus wechselt ins Sternbild Jungfrau				18:51 11:47
2 Do					19:47 12:46
3 Fr	**Jupiter in Opposition,** späteste Mittagsstellung der Sonne (12ʰ04ᵐ), 22ʰ Mond 3° südl. von Pollux				20:52 13:31
4 Sa	Saturn beendet Oppositionsschleife				22:03 14:03
5 So				LV 09:37	23:15 14:26
6 Mo	6ʰ Mond 8° nordwestl. von Regulus, 23ʰ Mond in Erdferne (404.569 km)				-- 14:44
7 Di	6ʰ Mond 6° östl. von Regulus				00:25 14:59
8 Mi					01:35 15:11
9 Do	6ʰ Mond 2° nordwestl. von Venus 11ʰ Mond bedeckt Venus				02:44 15:23
10 Fr					03:53 15:35
11 Sa	6ʰ30ᵐ Mond 2° nördl. von Spica, 10ʰ Mond im absteigenden Knoten				05:05 15:47
12 So					06:19 16:03
13 Mo				NM 13:27	07:38 16:22
14 Di					08:58 16:50
15 Mi					10:16 17:29

Merkur · Venus · Mars · Jupiter · Saturn · Mond

Was sich am Himmel tut — NOV

	abends	nachts	morgens	Mondphase	Aufgang Untergang
16 Do					11:27 / 18:22
17 Fr					12:22 / 19:33
18 Sa	Mars in Konjunktion, Leoniden-Meteorschauer im Maximum				13:03 / 20:55
19 So					13:32 / 22:21
20 Mo	18^h Mond 3° südl. von Saturn				EV 11:50 / 13:54 / 23:47
21 Di					14:11 / --
Buß- u. Bettag 22 Mi	22^h Mond in Erdnähe (369.824 km)				14:26 / 01:11
23 Do					14:40 / 02:34
24 Fr	Mars wechselt ins Sternbild Skorpion, 12^h Mond im aufsteigenden Knoten				14:55 / 03:57
25 Sa	4^h Mond 5° westl. von Jupiter, 18^h Mond 5° nordöstl. von Jupiter				15:12 / 05:20
Totensonntag 26 So					15:34 / 06:44
27 Mo	2^h Mond 2° südl. der Plejaden, 18^h Mond 8° nördl. von Aldebaran				VM 10:16 / 16:02 / 08:08
28 Di	5^h Venus 5° nördl. von Spica				16:41 / 09:26
29 Mi					17:33 / 10:32
30 Do					18:35 / 11:24

NOV — Sonne und Planeten

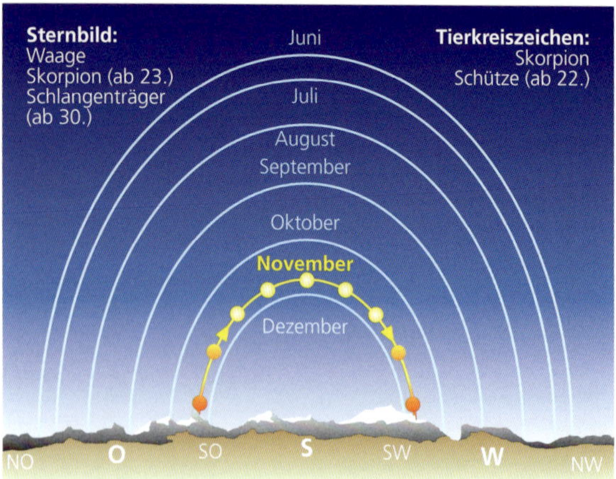

Sternbild:
Waage
Skorpion (ab 23.)
Schlangenträger (ab 30.)

Tierkreiszeichen:
Skorpion
Schütze (ab 22.)

Juni
Juli
August
September
Oktober
November
Dezember

NO — O — SO — S — SW — W — NW

Dämmerung Anfang	Sonne Aufgang		Sonne Untergang	Dämmerung Ende
5:57	7:09	1.11.	16:57	18:09
6:19	7:34	16.11.	16:35	17:50

Die **SONNE** wandert durch das Sternbild Waage, erreicht am 23.11. den Skorpion und wechselt am 30.11. in den Schlangenträger; bereits am 22.11. wechselt sie in das Tierkreiszeichen Schütze. Die Mittagshöhe nimmt von 26° auf 18° ab, die Länge des lichten Tages von 9:50 Stunden auf 8:28 Stunden.

MERKUR bleibt den ganzen Monat hindurch unsichtbar mit der Sonne am Taghimmel.

VENUS rückt langsam wieder näher an die Sonne heran, hält ihren Aufgangsvorsprung aber bei gut 4 Stunden.

MARS wird am 18.11. von der Sonne überholt und steht dann – für uns unsichtbar – in Konjunktion mit ihr.

JUPITER steht am 3.11. in Opposition zur Sonne und kann für mehr als 14 Stunden oder fast anderthalb Umdrehungen im Sternbild Widder beobachtet werden.

SATURN beendet am 4.11. seine Oppositionsschleife und geht zuletzt deutlich vor Mitternacht unter.

Beobachtungstipp NOV

Die Ausdehnung des Großen Roten Flecks in der Jupiteratmosphäre hat in den letzten Jahrzehnten langsam abgenommen.

JUPITER IN OPPOSITION

Jupiter braucht für einen Umlauf um die Sonne knapp zwölf Jahre, innerhalb derer er etwa elfmal von der Erde überholt wird. In diesem Jahr ist es am 3.11. wieder einmal so weit. Im Sternbild Widder geht er dann bei Sonnenuntergang auf und bei Sonnenaufgang wieder unter, ist also die ganze Nacht über zu beobachten. Da es jetzt bereits mehr als 13,5 Stunden (astronomisch) dunkel ist, hat man die Chance, mit einem kleinen Teleskop den Großen Roten Fleck (GRF) jede Nacht mindestens einmal zu erspähen.

DER TANZ DER JUPITERMONDE

Mit einem Fernglas kann man dagegen nur die Bewegung der vier großen Jupitermonde verfolgen, die ihre Positionen zueinander zum Teil recht schnell verändern. Am Abend des Oppositionstages zum Beispiel findet man Europa zunächst links von Jupiter, Ganymed, Io und Kallisto dagegen rechts. Kurz vor dem Untergang stehen dann alle vier Monde rechts, wobei Io und Europa übereinander stehen und Ganymed ein Stückweit auf Kallisto zugelaufen ist. Weitere Angaben zu den täglich wechselnden Stellungen der Jupitermonde findet man unter anderem unter folgender Web-Adresse: https://in-the-sky.org/jupiter.php.

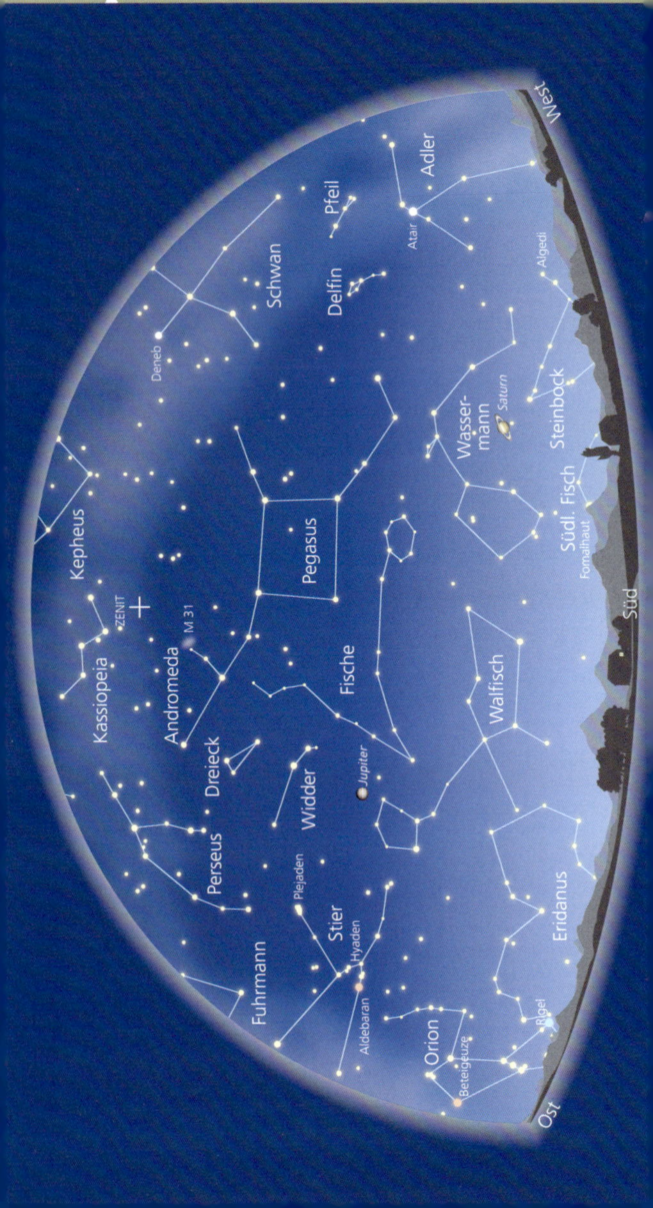

NOV Sterne und Sternbilder

Sterne und Sternbilder NOV

DER STERNHIMMEL IM NOVEMBER

Der November gilt bei uns nicht nur wettertechnisch als trübe, dunkle Zeit: Auch am Himmel findet man jetzt zur (wieder auf Normalzeit umgestellten) gewohnten Beobachtungszeit gegen 21 Uhr zur Monatsmitte beim Blick in südlicher Richtung kaum helle Sterne.

KAUM HELLE STERNE

Sterne der ersten Größenklasse leuchten dann nur weit im Westen, wohin sich das Sommerdreieck zurückgezogen hat, und weit im Osten, wo bereits die ersten Figuren der Gruppe um den Himmelsjäger Orion aufziehen. Selbst Fomalhaut, der Hauptstern im Südlichen Fisch, der eigentlich heller leuchtet als Deneb im Schwan, wird auf dem – wegen seiner geringen Höhe langen – Lichtweg durch die Atmosphäre fast auf die zweite Größe abgeschwächt.

GEOMETRISCHE FIGUREN

Darüber kann man – zumindest an einem dunklen Standort fernab störender Lichter – das unregelmäßige Sternenvieleck erkennen, das die Umrisse des Gefäßes markieren könnte, mit dem der Wassermann früher dargestellt wurde. Zwischen ihm und dem Herbstviereck aus Pegasus und einem Stern der Andromeda versteckt sich als kleine Sternellipse einer der beiden Fische des gleichnamigen Ekliptiksternbildes; der zweite Fisch unterhalb der Andromeda (zwischen Pegasus und Dreieck) ist allerdings noch schwerer zu finden.

NACHBAR DES POLARSTERNS

Jenseits des Zenits, hoch am Nordhimmel, zeigt die Sternkarte jetzt auch das Himmels-W der Kassiopeia, die ihrem Gatten Kepheus folgt. Dessen fünf hellste Sterne, von denen nur einer der zweiten Größenklasse angehört, formen die Silhouette eines windschiefen Hausgiebels, dessen Spitze bis auf knapp zwölf Grad an den Polarstern (außerhalb der Karte) heranreicht.

Das Sternbild Wassermann ist als typische Herbstfigur wegen der fehlenden hellen Sterne am Himmel nicht leicht zu erkennen; hier eine Darstellung aus dem Sternatlas von Johann Elert Bode.

DEZ — Was sich am Himmel tut

	abends	nachts	morgens	Mond-phase	Aufgang Untergang
1 Fr	5ʰ Mond 2° südl. von Pollux				19:45 12:01
2 Sa					20:57 12:28
1. Advent 3 So					22:09 12:49
4 Mo	Mars wechselt ins Sternbild Ophiuchus, Merkur in gr. östl. Elong. (21°), 1ʰ Mond 4° nördl. von Regulus, 20ʰ in Erdferne				23:19 13:04
5 Di					LV 06:49 -- 13:17
Nikolaus 6 Mi					00:27 13:29
7 Do					01:36 13:41
8 Fr	7ʰ Mond 5° nordwestl. von Spica, 16ʰ Mond im absteigenden Knoten				02:45 13:53
9 Sa	5ʰ30ᵐ Mond 7° östl. von Spica, 7ʰ Mond 5° westl. von Venus				03:58 14:07
2. Advent 10 So	7ʰ Mond 9° südöstl. von Venus				05:14 14:24
11 Mo	Venus wechselt ins Sternbild Waage				06:34 14:48
12 Di					07:55 15:23
13 Mi					NM 00:32 09:11 16:11
14 Do	Geminiden-Meteorstrom im Maximum				10:14 17:18
15 Fr					11:02 18:39

Merkur · Venus · Mars · Jupiter · Saturn · Mond

Was sich am Himmel tut [DEZ]

	abends	nachts	morgens	Mondphase	Aufgang Untergang
16 Sa	20^h Mond in Erdnähe (367.900 km)			🌘	11:35 20:07
3. Advent **17 So**	20^h Mond 5° südl. von Saturn			🌗	11:59 21:35
18 Mo				🌗	12:17 23:00
19 Di				EV 19:39 🌗	12:33 --
20 Mi				🌖	12:47 00:22
21 Do	15^h Mond im aufsteigenden Knoten			🌖	13:01 01:44
Winteranfang **22 Fr**	Merkur in unterer Konjunktion, 2^h Mond 8° westl. von Jupiter, 4^h28^m Wintersonnenwende, 17^h Mond 3° nördl. Jupiter			🌖	13:18 03:05
23 Sa				🌖	13:37 04:27
4. Advent Heiligabend **24 So**	5^h Mond 4° südwestl. der Plejaden, 18^h Mond 5° östl. der Plejaden			🌖	14:02 05:49
Weihnachten **25 Mo**	5^h Mond 9° nördl. von Aldebaran			🌕	14:36 07:07
Weihnachten **26 Di**	Längste Vollmondnacht des Jahres (17^h53^m)			🌕	15:22 08:18
27 Mi				VM 01:33 🌕	16:20 09:15
28 Do	7^h Mond 4° westl. von Pollux, 19^h Mond 4° südöstl. von Pollux			🌕	17:28 09:58
29 Fr				🌖	18:40 10:29
30 Sa	Mars wechselt ins Sternbild Schütze			🌖	19:53 10:52
Silvester **31 So**	7^h Mond 4° nördl. von Regulus, spätester Sonnenaufgang des Jahres (8^h18^m), 22^h Mond 6° östl. von Regulus			🌖	21:04 11:09

DEZ — Sonne und Planeten

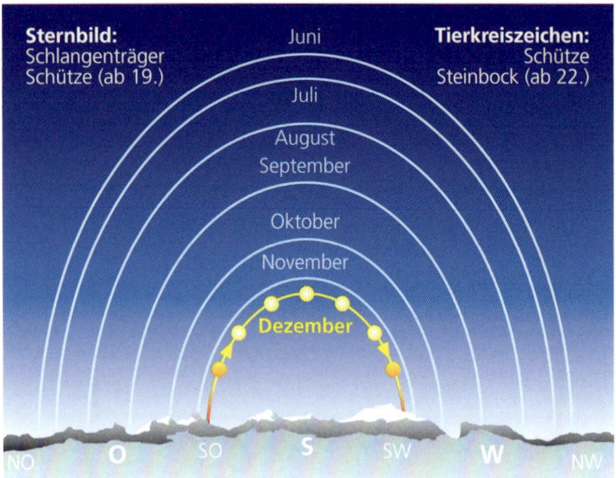

Sternbild: Schlangenträger, Schütze (ab 19.)

Tierkreiszeichen: Schütze, Steinbock (ab 22.)

Monatsbögen: Juni, Juli, August, September, Oktober, November, **Dezember**

Dämmerung Anfang	Sonne Aufgang		Sonne Untergang	Dämmerung Ende
6:38	7:56	1.12.	16:21	17:40
6:52	8:12	16.12.	16:18	17:39

- Die **SONNE** wandert durch das Sternbild Schlangenträger und erreicht am 19.12. den Schützen; am 22.12. wechselt sie in das Tierkreiszeichen Steinbock. Die Mittagshöhe nimmt von 18° auf 17° ab, die Länge des lichten Tages von 8:26 Stunden auf minimale 8:05 Stunden am 21.12.; danach wächst sie wieder bis auf 8:09 Stunden zum Jahresende an.

- **MERKUR** erreicht am 4.12. eine größte östliche Elongation, kann sich aber am Abendhimmel nicht durchsetzen.

- **VENUS** bleibt strahlend heller Blickfang am südöstlichen Morgenhimmel.

- **MARS** stand im Vormonat in Konjunktion mit der Sonne und bleibt noch eine Zeit lang unsichtbar am Taghimmel.

- **JUPITER** bewegt sich im Sternbild Widder immer noch langsam westwärts.

- **SATURN** steht während der Abenddämmerung im Süden und geht zuletzt knapp 5 Stunden nach der Sonne unter.

Beobachtungstipp [DEZ]

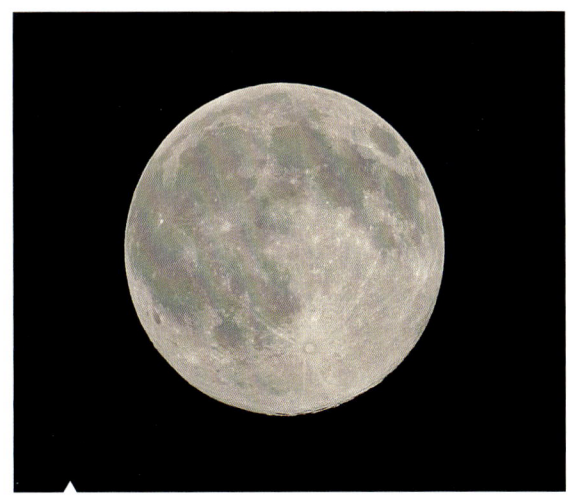

Der Vollmond übt zwar eine gewisse Faszination aus, lässt aber wegen des senkrechten Lichteinfalls kaum Oberflächenformationen im Fernglas erkennen.

DIE LÄNGSTE VOLLMONDNACHT DES JAHRES

Weil der Vollmond der Sonne am Himmel gegenübersteht, wandert er im Winter in hohem Bogen über den Nachthimmel und zeichnet damit zumindest annähernd den Tagbogen der Sonne im Sommer nach. Entsprechend sind die Vollmondnächte im Januar und Dezember die längsten im Jahr. Anders als der längste Tag (zur Sommersonnenwende) sind sie aber nicht immer gleich lang, denn der Vollmond fällt natürlich nicht immer auf den Tag der Wintersonnenwende. 2023 wird die Vollmondstellung am 27.12. um 1:33 Uhr erreicht, also nur knapp fünf Tage nach der Wintersonnenwende.

KOMBINIERTE WIRKUNG

Trotzdem steht der Vollmond zwischen seinem Aufgang am 26. und dem Untergang am 27. auf 50° nördlicher Breite fast 18 Stunden über dem Horizont (und damit deutlich länger als die Sonne am Tag der Sonnenwende). Das liegt zum einen daran, dass der Mond zwischen Auf- und Untergang fast neun Grad nach Osten wandert und dadurch seinen Untergang „verzögert", zum anderen aber auch daran, dass er in diesem Jahr mehr als 4 Grad nördlich der Ekliptik steht und schon deswegen einen längeren „Nachtbogen" hat als die Sonne.

DEZ Sterne und Sternbilder

Sterne und Sternbilder [DEZ]

DER STERNHIMMEL IM DEZEMBER

Ein letztes Mal vollzieht sich ein Wechsel im Anblick des abendlichen Sternhimmels zur gewohnten Beobachtungszeit: Die Sommersternbilder sind von der Südhälfte des Himmels verschwunden, die Herbstfiguren haben sich nach Südwesten verlagert und im Osten und Südosten sind die meisten Sternbilder des Winters bereits versammelt.

EIN HIMMLISCHES „SUV"

Das ist die Zeit, in der der Große Wagen im Norden (außerhalb der Karte) gleichsam auf der Deichselspitze balanciert und das himmlische „SUV" hoch im Süden und Südwesten zu finden ist. Dieser übergroße Wagen (mehr als doppelt so groß wie der Große Wagen) setzt sich aus Sternen von gleich drei Sternbildern zusammen: Den Kasten bilden die Sterne des Herbstvierecks, zwei der Deichselsterne steuert die Lichterkette der Andromeda bei und die Spitze der Deichsel wird von Algol im Perseus markiert. Anders als beim Großen Wagen gehören alle Sterne des „SUV" der zweiten Größenklasse an, es gibt also nur kleinere Helligkeitsunterschiede.

ALGOL – DER DÄMONENSTERN

Algol ist (normalerweise) der zweithellste Stern des Perseus, einer Figur, deren Sterne sich zu den Umrissen einer Wünschelrute gruppieren lassen; dabei zeigen die beiden Griffe nach unten zum Horizont, während die Spitze in Richtung Kassiopeia unweit des Zenits weist. Etwa alle drei Tage geht die Helligkeit von Algol allerdings für ein paar Stunden um mehr als eine Größenklasse zurück – er gehört also zu den veränderlichen Sternen. Schon im 18. Jahrhundert wurde allerdings deutlich, dass der Stern nicht etwa seine Helligkeit verändert, sondern von einem dunkleren Begleiter umrundet und dabei regelmäßig zumindest teilweise von ihm bedeckt wird. Algol zählt also zu den sogenannten Bedeckungsveränderlichen. Sein aus dem Arabischen stammender Name bedeutet übrigens „der Dämon".

MASSSTAB 1 ZU 25

Folgt man dem geschwungenen Bogen des linken „Wünschelrutengriffs" im Perseus nach unten, so trifft der Blick auf eine kleine, aber enge Ansammlung von Sternen: das Siebengestirn (die Plejaden). Ihre Anordnung untereinander erinnert an den Großen Wagen, aber es handelt sich nicht etwa um den Kleinen Wagen, sondern bestenfalls um ein Modellauto im Maßstab 1 zu 25.

Glossar

EKLIPTIK
heißt die scheinbare Jahresbahn der Sonne, also der Weg, den die Sonne im Laufe eines Jahres durch die Sternbilder nimmt. Sie ist die „Hauptverkehrsstraße am Himmel", auf der sich Sonne, Mond und Planeten bewegen.

ELONGATION (GRÖSSTE)
nennt man den (größtmöglichen) östlichen oder westlichen Winkelabstand von Merkur oder Venus relativ zur Sonne.

FIXSTERNE
sind weit entfernte, leuchtende Gaskugeln ähnlich unserer Sonne (alle Sterne sind Sonnen und unsere Sonne ist ein Stern). Trotz ihres Namens bewegen sich die Sterne jedoch relativ zueinander mit Geschwindigkeiten von bis zu einigen Dutzend, in Ausnahmefällen auch mehreren 100 Kilometern pro Sekunde (!). In 100.000 Jahren wird der Himmel deswegen ziemlich anders aussehen als heute. Nur wegen ihrer sehr großen Entfernungen scheinen die Sterne für uns stillzustehen. Dies unterscheidet sie von den Wandelsternen, den *Planeten*, die nicht selbst leuchten, sondern das Sonnenlicht reflektieren.

HIMMELSPOL
heißen die beiden Himmelspunkte genau über den Polen der Erde. Unweit des nördlichen Himmelspols steht gegenwärtig der Polarstern, der daher von uns aus gesehen die Nordrichtung anzeigt; einen entsprechend hellen Stern nahe dem südlichen Himmelspol sucht man vergebens.

KONJUNKTION
bedeutet Zusammenkunft; ein Planet steht in Konjunktion mit der Sonne, wenn er am Himmel in der gleichen Richtung wie die Sonne steht. Bei Merkur und Venus unterscheidet man zwischen unterer (Planet zwischen Sonne und Erde) und oberer Konjunktion (Planet jenseits der Sonne).

KULMINATION
ist die höchste Stellung eines Gestirns während des täglichen Umlaufs. Sie wird stets auf der Nord-Süd-Linie erreicht.

LICHTJAHR
nennt man die Strecke, die das Licht mit seiner Geschwindigkeit von rund 300.000 km/s in einem Jahr zurücklegt; ein Lichtjahr entspricht einer Entfernung von 9,46 Billionen Kilometern. Während der Mond nur wenig mehr als eine Lichtsekunde entfernt ist und das Licht von der Sonne bis zu uns rund 8,3 Minuten braucht, beträgt die Entfernung zum nächsten Nachbarstern etwa 4,3 Lichtjahre. Unsere Galaxis hat einen Durchmesser von rund 100.000 Lichtjahren und die Andromeda-Galaxie, die nächste große Nachbarmilchstraße, ist mehr als 2,5 Millionen Lichtjahre entfernt.

MILCHSTRASSE

heißt das von der Erde aus sichtbare Band am Himmel. Es ist unsere Galaxis, ein riesiges, diskusförmiges System, zu dem auch unsere Sonne mit ihren Planeten gehört. Sie enthält mehr als 100 Milliarden Sterne, die sich um das galaktische Zentrum in rund 26.000 Lichtjahren Entfernung bewegen.

OPPOSITION

bedeutet Gegenschein. Ein Planet steht in Opposition zur Sonne, wenn er der Sonne am Himmel gegenübersteht und entsprechend bei Sonnenuntergang auf-, bei Sonnenaufgang dagegen untergeht. Weil der Planet dabei von der Erde auf der Innenbahn überholt wird, bewegt er sich in den Wochen vor und nach der Opposition vorübergehend rückläufig in einer *Oppositionsschleife*.

RECHTLÄUFIG

heißt die normale, „richtige" Bewegungsrichtung von Sonne, Mond und Planeten entlang der Ekliptik von West nach Ost.

REKTASZENSION

heißt die Koordinate an der Himmelskugel, die der geografischen Länge entspricht.

RÜCKLÄUFIG

ist ein Planet während der Oppositionsschleife, wenn er sich von Ost nach West bewegt (Merkur und Venus sind um die untere Konjunktion rückläufig).

STERNBILDER

dienen nur dem Zurechtfinden am Himmel – sie geben keinen räumlichen Zusammenhang der enthaltenen, zum Teil sehr unterschiedlich weit von uns entfernten Sterne wieder. International gebräuchlich sind 88 Sternbilder, 48 davon sind von den Griechen des klassischen Altertums überliefert worden. Am Himmel über der Südhalbkugel der Erde gibt es dagegen zahlreiche neuzeitliche Sternbilder.

TIERKREISSTERNBILDER

nennt man diejenigen Sternbilder, durch die die Ekliptik verläuft.

TIERKREISZEICHEN

werden die zwölf Abschnitte gleicher Länge (jeweils 30°) genannt, die früher zur Unterteilung der Ekliptik genutzt wurden. Heute spielen sie nur noch in der Astrologie eine Rolle und heißen umgangssprachlich auch Sternzeichen.

ZENIT

heißt der Punkt genau senkrecht über dem Beobachter. Seine Gegenrichtung (Fußpunkt) wird Nadir genannt.

ZIRKUMPOLAR

ist ein Stern oder Sternbild, das bei seinem täglichen Umlauf nicht untergeht, sondern zwischen Himmelspol und Horizont „hindurchschlüpft" und entsprechend im gesamten Jahr zu beobachten ist.

Service

Große Planetarien
BERLIN Planetarium der Wilhelm-Foerster-Sternwarte, Munsterdamm 90, *www.planetarium-berlin.de*
BERLIN Zeiss-Großplanetarium, Prenzlauer Allee 80, *www.sdtb.de*
BOCHUM Castroper Str. 67, *www.planetarium-bochum.de*
HAMBURG Hindenburgstr. 1 b, *www.planetarium-hamburg.de*
JENA Am Planetarium 5, *www.planetarium-jena.de*
LUZERN Lidostr. 5, *www.verkehrshaus.ch*
MANNHEIM W.-Varnholt-Allee 1, *www.planetarium-mannheim.de*
MÜNSTER Sentruper Str. 285, *www.planetarium-muenster.de*
NÜRNBERG Am Plärrer 41, *www.planetarium-nuernberg.de*
STUTTGART Willy-Brandt-Str. 25, *www.planetarium-stuttgart.de*
WIEN Oswald-Thomas-Platz 1, *www.planetarium-wien.at*

Zum Lesen, Drehen & Klicken
BÜCHER AUS DEM KOSMOS-VERLAG:

Celnik, W. E.; Hahn, H.-M.: Astronomie für Einsteiger
  Schritt für Schritt zur erfolgreichen Himmelsbeobachtung
Hahn, H.-M.: Basic Sternbilder
  Das Pocketbüchlein zur Sternbildbestimmung für unterwegs
Herrmann, J.: Welcher Stern ist das?
  Der große Sternführer mit Sternkarten für jede Himmelsrichtung
Keller, H.-U.: Kosmos Himmelsjahr
  Das Jahrbuch mit umfangreichen Infos für Hobby-Astronomen
Seip, S.: Himmelsfotografie mit der digitalen Spiegelreflexkamera
  Die schönsten Motive bei Tag und Nacht

STERNKARTEN AUS DEM KOSMOS-VERLAG:

Hahn, H.-M.; Weiland, G.: Sternkarte für Einsteiger
  Die Sternbilder sicher erkennen
Hahn, H.-M.; Weiland, G.: Drehbare Kosmos-Sternkarte
  Wetterfeste Kunststoffkarte mit vielen Funktionen
Hahn, H.-M.: Drehbare Kosmos-Sternkarte XL
  Für den Nord- und Südsternhimmel – 34 cm Durchmesser

INTERNETLINKS:

facebook.com/kosmos.astronomie: Himmelsereignisse und News
www.astronomie.de und *www.astrotreff.de:* Astro-Portale mit Diskussionsforen in Deutschland
www.kosmos-himmelsjahr.de: Viele aktuelle Beobachtungstipps
www.sternfreunde.de: Willkommen bei der deutschlandweiten Vereinigung der Sternfreunde (VdS)

Impressum

BILDNACHWEIS

Mit 11 Farbfotos von:
Mario Weigand/www.skytrip.de (2): Seiten 5, 19; Stefan Seip/www.photomeeting.de (1): Seite 11; Martin Gertz, Sternwarte Welzheim/Planetarium Stuttgart (1): Seite 13; NASA, ESA, H. Bond (STScI), und M. Barstow (University of Leicester) (1): Seite 31; Johann Elert Bode (historisch) (2): Seiten 43, 85; Bernhard Hubl/www.astrophoton.com (1): Seite 55; NASA/JPL (1): Seite 65; NASA/ESA/A. Simon/M.H. Wong (1): Seite 83; Sven Melchert (1): Seite 89.

Mit 54 Illustrationen von:
Gunther Schulz, Fußgönheim (2): Seiten 2/3, 12; Gerhard Weiland, Köln (52): Seiten 4, 6, 8, 10, 15, 17, 18, 20/21, 22, 23, 24, 26/27, 28, 29, 30, 32/33, 34, 35, 36, 38/39, 40, 41, 42, 44/45, 46, 47, 48, 50/51, 52, 53, 54, 56/57, 58, 59, 60, 62/63, 64, 66, 68/69, 70, 71, 72, 74/75, 76, 77, 78, 80/81, 82, 84, 86/87, 88, 90.

IMPRESSUM

Umschlaggestaltung von Claudia Adam unter Verwendung einer Illustration von Gunther Schulz.

Mit 11 Farbfotos und 54 Farbzeichnungen

Unser gesamtes Programm finden Sie unter **kosmos.de**.
Über Neuigkeiten informieren Sie regelmäßig unsere Newsletter, einfach anmelden unter **kosmos.de/newsletter**.

Gedruckt auf chlorfrei gebleichtem Papier

MIX
Papier aus verantwortungsvollen Quellen
FSC® C014889
www.fsc.org

© 2022, Franckh-Kosmos Verlags-GmbH & Co. KG,
Pfizerstr. 5–7, 70184 Stuttgart
Alle Rechte vorbehalten
ISBN: 978-3-440-17365-7
Projektleitung: Sven Melchert
Redaktion: Susanne Richter
Gestaltung und Satz: typopoint GbR, Ostfildern
Produktion: Ralf Paucke
Druck und Bindung: Friedrich Pustet GmbH & Co. KG, Regensburg
Printed in Germany/Imprimé en Allemagne

Auf Entdeckungsreise — am Sternhimmel

96 Seiten, ca. € (D) 12,00
Auch als E-Book

Daran haben große und kleine Sterngucker ihre Freude: Mit diesem attraktiven Sternführer findet jeder zuverlässig die 25 schönsten Sternbilder zu jeder Jahreszeit. Besonders große und übersichtliche Sternkarten weisen den Weg am Himmel, wobei die eigene Hand als Maßstab dient. Mit spannenden Geschichten und alten Sagen rund um den Tierkreis und zu anderen Sternbildern sowie Praxistipps zur Beobachtung von Mond, Planeten und Satelliten. Sterne finden kann so einfach sein!

kosmos.de